中国通信学会普及与教育工作委员会推荐教材

21世纪高职高专电子信息类规划教材

21 Shiji Gaozhi Gaozhuan Dianzi Xinxilei Guihua Jiaocai

移动通信技术与网络优化

刘建成 主编　黄巧洁 徐献灵 叶林 副主编

人民邮电出版社

北京

图书在版编目（CIP）数据

移动通信技术与网络优化 / 刘建成主编. —北京：人民邮电出版社，2009.9（2015.12 重印）
21世纪高职高专电子信息类规划教材
ISBN 978-7-115-21035-7

I. 移… II. 刘… III. ①移动通信－通信技术－高等学校：技术学校－教材②移动通信－通信网－高等学校：技术学校－教材 IV. TN929.5

中国版本图书馆CIP数据核字（2009）第126960号

内 容 提 要

高职高专的培养目标是直接在生产、管理、服务第一线从事经营管理、技术应用的高级应用型人才，本书即按照此要求编写。根据高职通信技术专业就业岗位群，针对企业的职位要求和工作职责，我们与企业共同编写了这本教材。本书主要介绍了移动通信基础知识，电波与天线工作原理及优化，GSM 系统及优化，GPRS 和 EDGE 基本原理、EDGE 无线网络的优化问题，直放站及其覆盖系统，路测的基本概念和要求，目前 TD-SCDMA 网络优化的问题。

本书适合作为高职院校相关专业教材，也可供电信部门培训使用。限于编者的水平和经验，本书难免存在不足之处，敬请广大同行及读者批评指正。

21 世纪高职高专电子信息类规划教材

移动通信技术与网络优化

◆ 主　　编　刘建成
副 主 编　黄巧洁　徐献灵　叶　林
责任编辑　刘　博

◆ 人民邮电出版社出版发行　　北京市丰台区成寿寺路 11 号
邮编　100164　　电子邮件　315@ptpress.com.cn
网址　http://www.ptpress.com.cn
三河市海波印务有限公司印刷

◆ 开本：787×1092　1/16
印张：10　　　　2009 年 9 月第 1 版
字数：239 千字　　　　2015 年 12 月河北第 7 次印刷

ISBN 978-7-115-21035-7/TN

定价：20.00 元

读者服务热线：(010)81055256　印装质量热线：(010)81055316
反盗版热线：(010)81055315

前言

网络优化（以下简称网优）对工程师的综合素质要求较高，不但要求网优工程师有丰富的网优经验，且对网优的工作效率有很高要求，因为在实际的网优工作中，工程师面对的是海量的网络数据，数据的处理效率对每个网优人员来说至关重要。

本教材面向的学习对象是在校高职生和在职培训人员，教材的内容主要根据目前实际工作中的客户要求，从日常网优工作中收集大量的数据、案例等经验资料。力求使学习内容与实际工作相结合，并通过课堂的理论讲解及实际操作，深入浅出地介绍移动通信原理及网优基础知识，结合本教材，旨在让受训人员能在较短的时间内迅速提高，全面掌握移动通信的原理及网优路测技能，并能很快在实际的项目中参与一定的网优工作，因此本书具有很强的针对性及适用性。

网优工作是一项很复杂的工作，很难将各项技能孤立地看待。因此虽然各章节相对独立，但要掌握的技术却是全面的。

本教材的使用主要是使学生在公司的实训环境中进行，因此最好要有工学结合的条件。

本书由刘建成主编，参加本书编写的有黄巧洁、徐猷灵、叶林、高俊文、张文梅、赖绮雯、邓楠，在此一并表示感谢。由于作者水平有限，疏漏之处在所难免，请广大读者批评指正。

目录

第1章 移动通信基础知识

什么是移动通信？移动通信是指通信双方至少有一方在移动中进行信息交换的通信方式。也就是说，至少有一方能移动。移动通信在区域内可随时随地进行；可以是双向的，也可以是单向的。移动通信的特点就是有线、无线相结合。移动通信必须利用无线电波进行信息传输；移动通信是在电波传播条件恶劣，存在严重的多径衰落环境中运行；在进行移动通信系统的设计时，必须具有一定的抗衰落的能力。

1.1 移动通信的分类

移动通信可以按以下方式进行分类：

- 按使用对象分，可分为军用、民用；
- 按用途和区域分，可分为陆上、海上、空中；
- 按经营方式分，可分为专用、公用；
- 按信号性质分，可分为模拟、数字；
- 按工作方式分，可分为单工、半双工、双工制；
- 按网络形式分，可分为单区制、多区制、蜂窝制；
- 按多址方式分，可分为 FDMA、TDMA、CDMA。

1.2 移动通信的工作频段

频段是指一定的频率范围。频率是一种特殊资源。它并不是取之不尽的。与别的资源相比，频率有一些特殊的性质。频率的分配和使用需在全球范围内制定统一的规则。国际上，由国际电信联盟（ITU）召开世界无线电管理大会，制定无线电规则，包括各种无线电系统的定义、国际频率分配表和使用频率的原则、频率的分配和登记、抗干扰的措施、移动业务的工作条件以及无线电业务的分类等。早期的移动通信主要使用 VHF 和 UHF 频段。目前，大容量移动通信系统均使用 800MHz 频段（CDMA），900MHz 频段（AMPS、TACS、GSM），并开始使用 1 800MHz 频段（GSM1800/DCS1800），该频段用于微蜂窝（Microcell）系统。第三代移动通信使用 2.1GHz 频段，同时规定基站对移动台（下行链路）为发射频率高，接收频率低；反之，移动台对基站（上行链路）为发射频率低，接收频率高。

1.3 蜂窝移动通信系统的组成

移动通信是通信双方至少有一方处于运动中进行信息传输和交换的通信方式。移动通信系统包括无绳电话、无线寻呼、陆地蜂窝移动通信、卫星移动通信等。移动用户之间通信联系的传输手段只能依靠无线通信，因此，无线通信是移动通信的基础，而无线通信技术的发展将推动移动通信的发展。移动通信系统是移动用户之间、移动用户和固定用户之间，能够建立许多信息传输通道的通信系统。

移动通信包括信息的收集、处理、传输和存储等，使用的主要设备有无线收发信机、移动交换控制设备和移动终端设备。

1.3.1 蜂窝移动通信网的概念

移动通信网的基本结构包括移动台（Mobile Station，MS）、基站（Base Station，BS）、构成网络节点的移动交换中心（Mobile Service Switching Center，MSC）及与市话网（PSTN）相连接的中继线等，如图 1.1 所示。

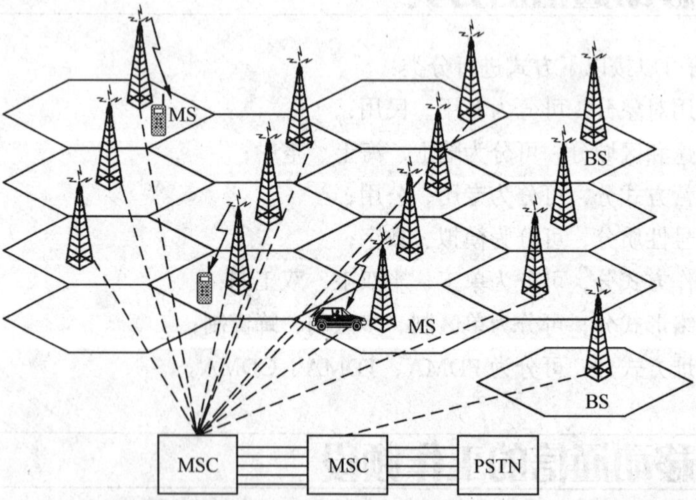

图 1.1 移动通信系统的组成

移动通信网与固定通信网的不同在于无线用户的移动性和固定用户的固定性。它主要涉及如何进行区域覆盖？移动通信网的区域覆盖方式分为两类：一类是小容量的大区制；另一类是大容量的小区制。

1.3.2　大区制

大区制是指一个基站覆盖整个服务区，如图 1.2 所示。为了增大通信用户量，大区制通信网只有增多基站的信道数（装备量也随之加大），但这总是有限的。因此，大区制只能适用于小容量的通信网，如用户数在 1 000 以下。这种制式的控制方式简单，设备成本低，适用于中小城市、工矿区以及专业部门，是发展专用移动通信网可选用的制式。

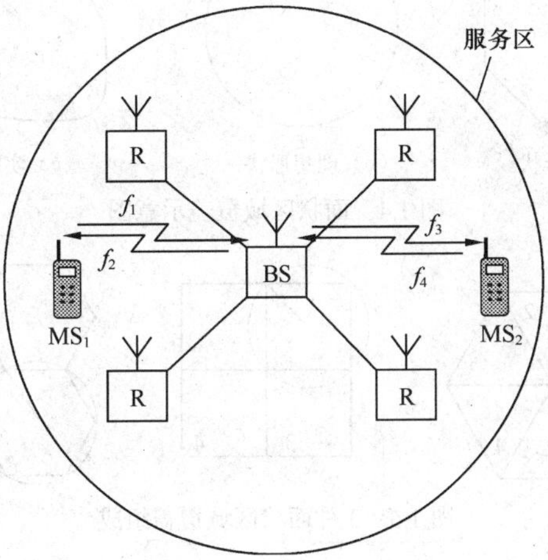

图 1.2　大区制示意图

1.3.3　小区制

小区制是将整个服务区划分为若干个小无线区，每个小无线区分别设置一个基站负责本区的移动通信的联络和控制。同时又可在 MSC 的统一控制下，实现小区间移动通信的转接及与公众电话网的联系。小区制移动通信系统的覆盖区域的形状一般有两种，一种是带状服务覆盖区，用于覆盖公路、铁路、海岸等。基站天线若用全向辐射，覆盖区形状是圆形的。带状网宜采用定向天线，使每个小区呈扁圆形，如图 1.3 所示。

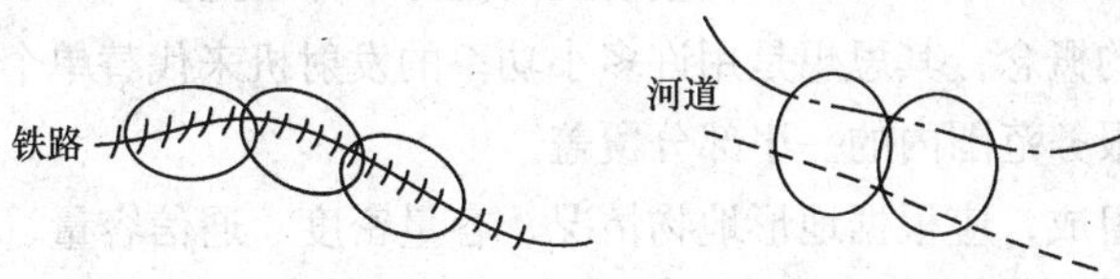

图 1.3　带状小区示意图

另一种是面状区域服务覆盖，无线移动通信系统广泛使用六边形来模拟系统覆盖和业务需求。实际上，由于无线系统覆盖区的地形地貌不同，无线电波传播环境不同，产生的电波的长期衰落和短期衰落不同，因而一个小区的实际无线覆盖是一个不规则的形状，如图 1.4 所示。

1．蜂窝小区的概念

小区形状常用圆内接正多边形代替圆表示。能彼此邻接构成平面的圆内接正多边形有正三角形、正方形和正六边形，如图 1.5 所示。比较 3 种圆内接正多边形：正六边形小区的中心间隔最大，各基站间的干扰最小；交叠区面积最小，同频干扰最小；交叠距离最小，便于实现跟踪交换；覆盖面积最大，对于同样大小的服务区域，采用正六边形构成小区制所需的小区数最少，即所需基站数少，最经济；所需的频点数最少，频率利用率高。因此一般采用正六边形小区形状。

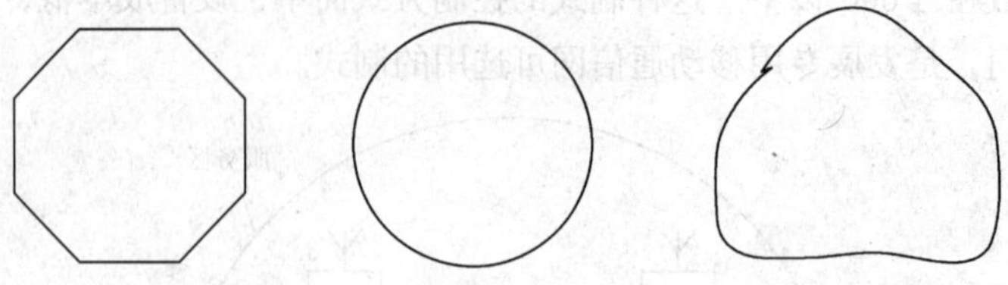

（a）理论形状　（b）理想形状　（c）实际形状

图 1.4　面状区域覆盖示意图

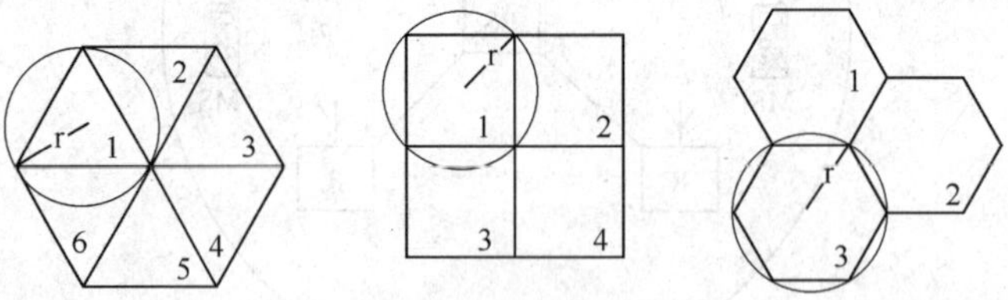

图 1.5　3 种面状区域覆盖组成

蜂窝式组网放弃了点对点传输和广播覆盖模式，将一个移动通信服务区划分成许多以正六边形为基本几何图形的覆盖区域，称为蜂窝小区。许多较低功率的发射机服务一个蜂窝小区，在较小的区域内服务一定数量的用户。根据系统的不同制式和不同用户密度选择不同类型的小区。基本的小区类型如下。

超小区：小区半径 $r>20$km，适于人口稀少的农村地区。

宏小区：小区半径 r 为 1～20km，适于高速公路和人口稠密的地区。

微小区：小区半径 r 为 0.1～1km，适于城市繁华区段。

微微小区：小区半径 $r<0.1$km，适于办公室、家庭等移动应用环境。

当蜂窝小区用户数增大到一定程度而可用频道数不够用时，采用小区分裂将原蜂窝小区分裂为更小的蜂窝小区，此时低功率发射和大容量覆盖的优势十分明显。

蜂窝是一个系统级的概念，其思想是用许多小功率的发射机来代替单个的大功率发射机，每一个小的覆盖区只提供服务范围内的一小部分覆盖。

无线区域的划分和组成，应根据地形地物情况、容量密度、通信容量、频谱利用率等因素综合考虑。例如，容量密度不等时的区域划分如图 1.6 所示。

实际的无线区划分和组成的实例图如图 1.7 所示。

2．频率复用

在蜂窝系统中，由于传播损耗可以提供足够的隔离度，在相隔一定距离的另一个基站可以重复使用同一组工作频率，这被称为频率复用。采用频率复用大大地缓解了频率资源紧缺的矛盾，提高了频率利用率，增加了系统容量。频率复用所带来的问题是同频干扰。同频干扰的影响并不与蜂窝之间的绝对距离有关，而是和蜂窝间距离与小区半径比值有关。

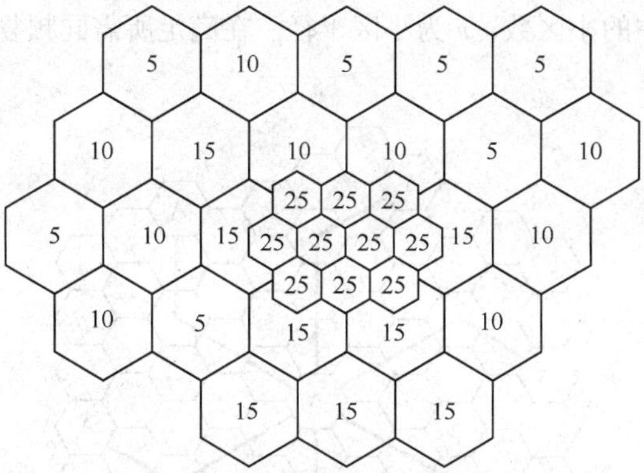

图 1.6　容量密度区域划分

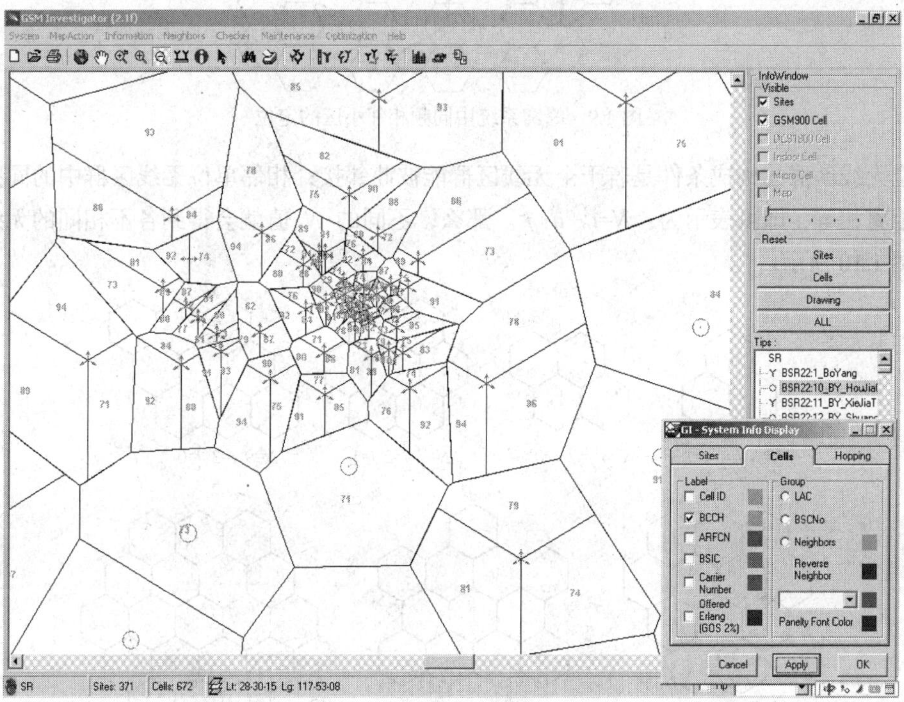

图 1.7　实际的无线区划分和组成

（1）区群的概念与构成

一组彼此邻接，共同使用全部可用频率的 N 个区块称为一个区群，如一个 3 频制（N=3）无线区群，如图 1.8 所示。这样具有若干个不同频率的区群可以在蜂窝系统中形成频率复用。

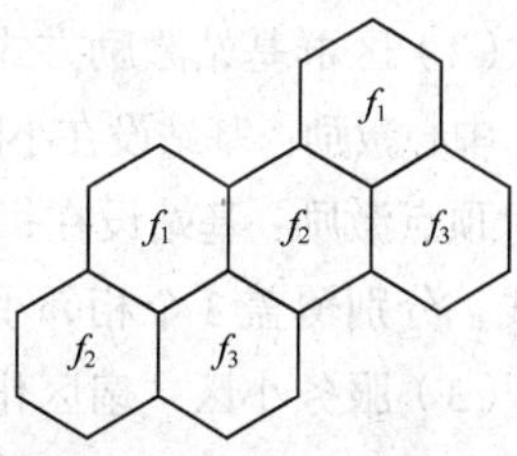

图 1.8　3 频制（N=3）无线区群

根据通信质量（不能产生严重的同频干扰）和频率利用率（即同频复用距离）选择同频相邻小区。同频相邻小区选择方式是：自某一小区 A 出发，沿小区垂直移动 j 个小区；再向左（或右）转 60° 移动 i 个小区，就到达同信道小区 A。如图 1.9 中所示，j=3，i=2。

同频小区中心之间的距离为

$$D=\sqrt{3N}\cdot r \qquad (1\text{-}1)$$

其中 N 为无线区群中的小区数，r 为小区半径。在满足所需同频复用距离前提下，N 取最小值，使频率利用率最高。

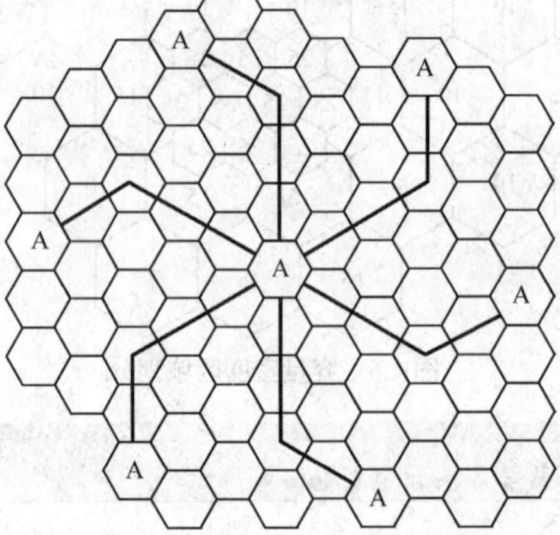

图 1.9　蜂窝系统中同频相邻小区的定位

单位无线区群的构成条件是若干个无线区群能彼此邻接；相邻单位无线区群中的同频小区中心间隔距离相等，即可表示为：$N=i^2+ij+j^2$。那么，不同的 N 值就会得到各不相同的无线区群形状，如图 1.10 所示。

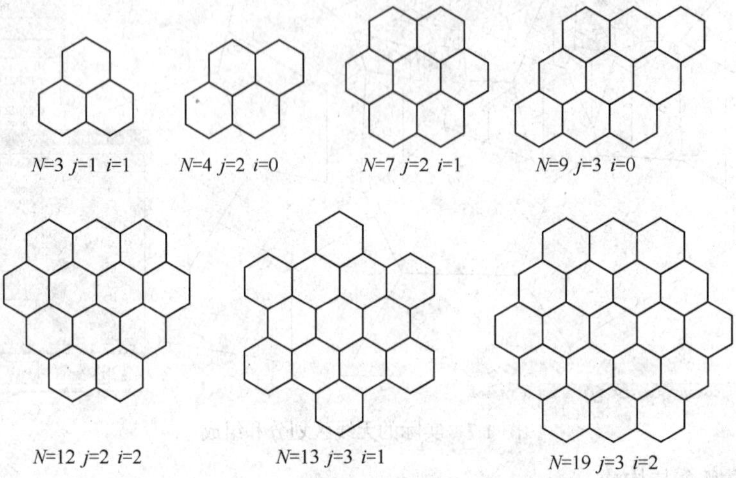

图 1.10　不同的 N 值区群组成示意图

（2）区群基站激励方式

中心激励：基站设在小区的中央，用全向天线或多个定向天线形成圆形覆盖区，如图 1.11 所示。

顶点激励：基站设在每个小区六边形的 3 个顶点上，每个基站采用 3 副 120° 扇形辐射的定向天线，分别覆盖 3 个相邻小区的各三分之一区域，如图 1.12 所示。

（3）服务小区"扇区化"

扇区化即是将一个基站分成多个小区，每个小区都有自己的发射和接收天线，相当于一个独立的小区。扇区化的小区使用定向天线，使该小区定向天线辐射某一特定的扇区。这样做有很多优点，首先小区发射的无线电波能量集中到了一个更小的区域如 60°，120° 或 180°，而不是以 360° 全向发射，这样可以获得更强的信号，有利于"加强覆盖"等。扇区化小区有 3 扇区/小区，6 扇区/小区等，如图 1.13 所示。

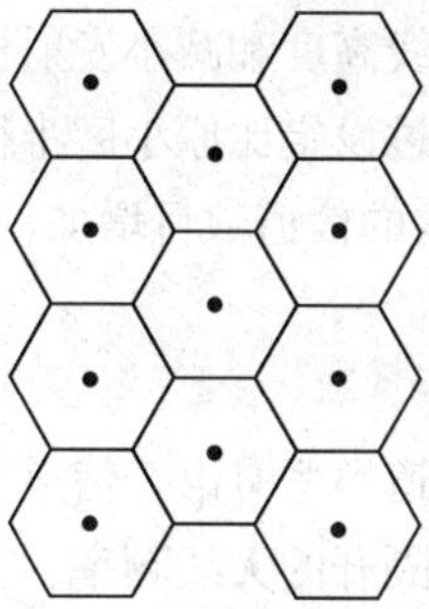

图 1.11　中心激励示意图

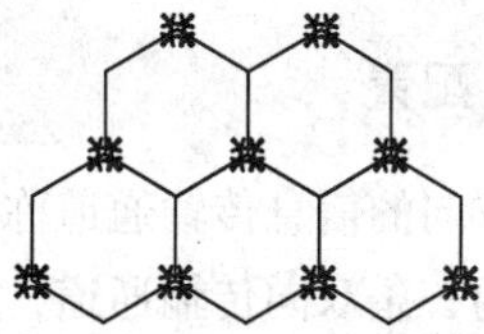

图 1.12　顶点激励示意图

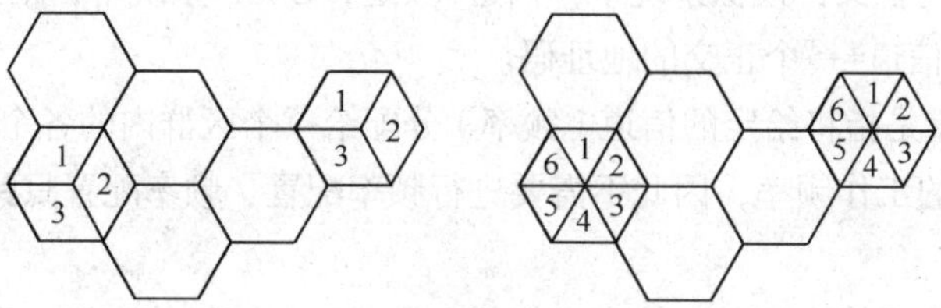

（a）120° 扇区　　（b）60° 扇区

图 1.13　扇区划分示意图

另外，可以通过使用定向天线代替全向天线来减小蜂窝系统中的同频干扰，由于使用了定向天线，小区将只接收同频小区中一部分小区的干扰。这种使用定向天线来减小同频干扰，更好地防止了同信道干扰和邻信道干扰，同频复用距离缩短，在同一地理区域可以有更多的小区，可以支持更多的移动用户，从而提高系统容量的技术叫做裂向（即扇区化）。

（4）小区分裂

服务区内用户密度均匀，采用的无线小区大小相同，每个小区分配的信道数相同。实际通信网络中，用户密度分布不均，高用户密度区域，无线小区应小些或分配的信道数多些；低用户密度区域，无线小区可大些或分配的信道数少些；当原小区用户密度增至一定程度，可使用小区分裂，以增大系统容量、降低用户密度，适应用户增长，提高蜂窝小区容量。

小区分裂就是一种将拥塞的小区分成更小的小区的方法，小区分裂方法如图 1.14 所示，分裂方法有一分三方式、一分四方式，如图 1.15 所示。

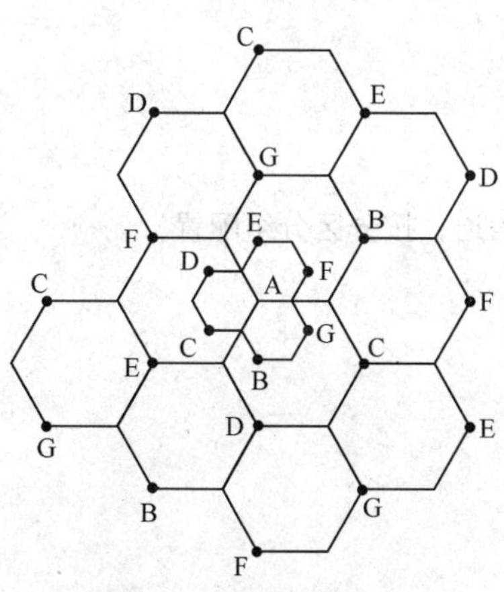

图 1.14　小区分裂示意图

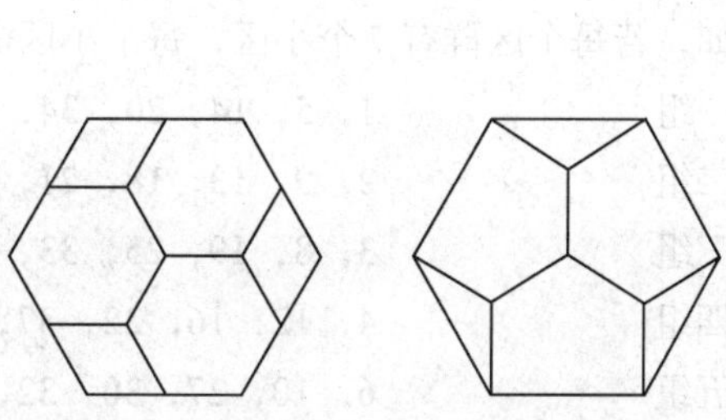

（a）一分三　　（b）一分四

图 1.15　一分三方式、一分四方式示意图

分裂后的每个小区都有自己的基站并相应地降低天线高度和减小发射机功率。由于小区分裂能够提高频率的复用次数，因而能提高系统容量，即通过设定比原小区半径更小的新小区和在原有小区间安置这些小区（叫做微小区），使得单位面积内的信道数目增加，从而增加系统容量。

3．信道（频率）配置

通信网络中一条双向的信息传输通道称为信道。信道类型有语音信道、控制信道。

移动台与基站间的一条双向传输通道，使用两个分隔开的无线频率，上行信道指由移动台发射，基站接收。下行信道指由基站发射，移动台接收。上下行信道间的载频间隔为双工间隔。

不同系统中信道的含义：模拟系统中，信道=频道；GSM 系统中，信道=某载频上的一个时隙；CDMA 系统中，信道=一个正交的地址码。

信道（频率）配置是指将给定的信道（频率）分配给一个区群内的各个小区。在 CDMA 系统中所有用户使用相同的工作频率，因此不需要进行频率配置。频率配置只针对 FDMA 和 TDMA 系统。

频率分配时，每个无线小区一个信道组；每个无线区群一组信道组，不同无线区群可采用相同信道组。

信道（频率）配置的方式有静态配置法、动态配置法和柔性配置法。

静态配置法又可分为分区分组配置法和等频距配置法。

分区分组配置法：即尽量减小占用的总频段，以提高频段利用率；同一区群内不能使用相同的信道，以避免同频道干扰，小区内采用无三阶互调的相容信道组，以避免互调干扰。

等频距配置法：按等频率间隔来配置信道。

动态配置法是根据业务量的变化配置全部信道。

柔性配置法是准备若干个信道，需要时提供给某个小区使用。

例如，等频距配置法进行配置时根据区群内的小区数 N 来确定同一信道组内各信道之间的频率间隔，如第一组用（1，1+N，1+2N，1+3N，…），第二组用（2，2+N，2+2N，2+3N，…）等。

第一组　　1，8，15，22，29，…

第二组　　2，9，16，23，30，…

第三组　　3，10，17，24，31，…

第四组　　4，11，18，25，32，…

第五组　　5，12，19，26，33，…

第六组　　6，13，20，27，34，…

第七组　　7，14，21，28，35，…

再如，若每个区群有 7 个小区，每个小区需要 6 个信道，按分区分组配置。

第一组　　1，5，14，20，34，36

第二组　　2，9，13，18，21，31

第三组　　3，8，19，25，33，40

第四组　　4，12，16，22，37，39

第五组　　6，10，27，30，32，41

第六组　　7，11，24，26，29，35

第七组　　15，17，23，28，38，42

如果是顶点放置，每个基站应配置 3 组信道，向 3 个方向辐射，如 N=7，每个区群就需要有 21 个信道组，如图 1.16 所示。

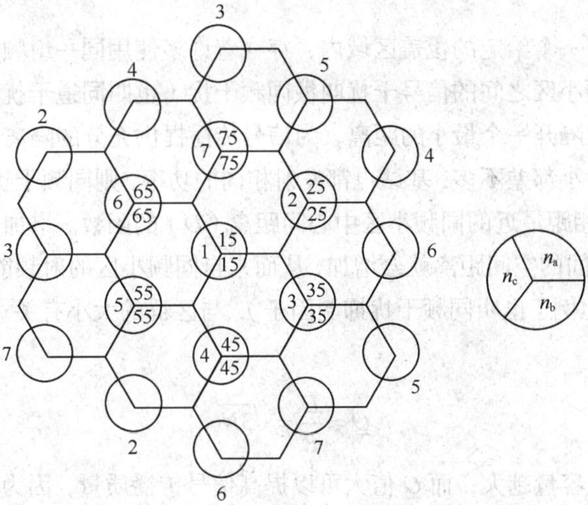

图 1.16　3 个方向辐射，N=7 的信道组成示意图

其中 n_a=[n，n+21，…]，n_b=[n+7，n+14，…]，n_c=[n+14，n+21，…]。

4．多信道共用技术

提高频率利用率的方法除上述间隔一定距离的两个无线小区使用相同频道组即同频复用外，还有多信道共用技术即网内大量用户共享若干个无线信道。

用户占用信道方式有独立信道方式和多信道共用方式，如图 1.17 所示。

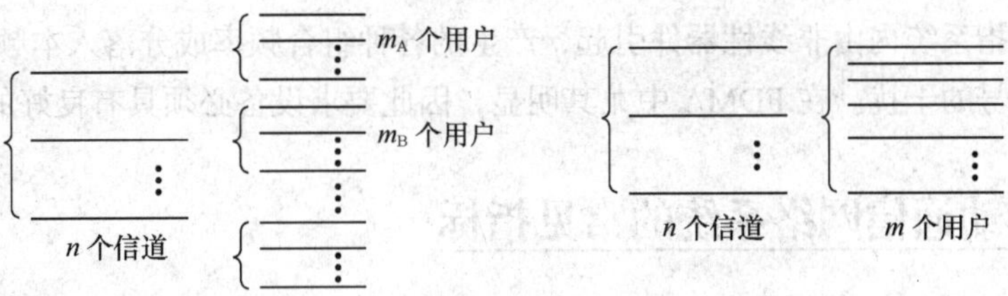

（a）独立信道方式　　（b）多信道共用方式

图 1.17　信道应用方式

共用呼叫信道方式是在系统中专门设立一个共用呼叫信道，它不作通话使用，仅处理呼叫和传送转频指令。系统内所有不通话的用户都停留在该信道上，处于守候状态。当用户需要通话而摘机时，通过该信道向基站发出呼叫请求，如系统有空闲信道，基站就通过该共用信道发出转频指令，使用户转入指定的空闲信道。当信道全部被占用时，则向用户示忙。当移动用户被叫时，基站也从共用呼叫信道发出选呼号码。被叫用户应答后，基站发出转频指令，使用户按指令转入指定的通话信道。

1.3.4　干扰

在蜂窝系统中，存在两种主要的干扰，即同频干扰和邻频干扰，另外还有其他干扰，如互调干扰等。

1．同频干扰

频率复用意味着在一个给定的覆盖区域内，存在着许多使用同一组频率的小区，这些小区叫做同频小区。这些同频小区之间的信号干扰叫做同频干扰（也叫同道干扰）。为了减小同频干扰，同频小区必须在物理上隔开一个最小的距离，为信号传播提供充分的隔离。

如果每个小区的大小都差不多，基站也都发射相同的功率，则同频干扰大小与发射功率无关，而是小区半径（R）和相距最近的同频小区中心间距离（D）的函数。增加 D/R 的值，相对于小区的覆盖距离，同频小区间的空间距离就会增加，从而来自同频小区的射频能量减小而使干扰减小。参数 Q 叫做同频复用比例（也叫同频干扰抑制因子），与区群的大小有关。对于六边形系统来说，Q 可表示为

$$Q=\frac{D}{R}=\sqrt{3N} \tag{1-2}$$

Q 的值越小则系统容量越大；而 Q 值大可以提高信号传播质量，因为同频干扰小。在实际的蜂窝系统中，需要对这两个目标进行协调和折衷。

2．邻频干扰

来自所使用信号频率的相邻频率的信号干扰叫做邻频干扰（也叫邻道干扰）。邻频干扰是因接收滤波器不理想，使得相邻频率的信号泄露到传输带宽内而引起的。离基站近的移动台的强信号会干扰离基站远的邻道上的移动台的弱信号，这就要求移动台采用自动功率控制电路。

3．互调干扰

互调干扰是指系统内由非线性器件引起，产生的各种组合频率成分落入本频道接收机通带内造成的对有用信号的干扰。在 FDMA 中尤其明显，因此要求设备必须具有良好的选择性。

1.3.5 移动通信网络系统的常见指标

1．工作频段与频道间隔

工作频段主要有 150MHz，450MHz，900MHz，1800MHz，2.4GHz 等。例如，900MHz 频段指 890MHz ~ 915MHz（移动台发射，基站接收），935MHz ~ 969MHz（移动台接收，基站发射）；1 800MHz 工作频段指 1 710 ~ 1 785MHz（移动台发射，基站接收），1 805 ~ 1 880MHz（移动台接收，基站发射）。

2．通信概率

通信概率是指保证服务质量的通话时间和区域的概率值。

3．语音质量

语音质量是评估移动通信系统语音品质（可懂度和自然度）优劣的重要指标。

评分标准如表 1.1 所示。

频道间隔指相邻频道间隔，如模拟相邻信道为 25kHz，GSM 的 900MHz 频段和 1 800MHz 频段的相邻频段间隔均为 200kHz 等。一般频道安排都是采用等间隔频道配置。

表 1.1　　评 分 标 准

级　　别	评 定 类 别	人的印象标准
5	优	无噪声、清晰
4	中	轻微噪声
3	中	令人烦恼的噪声
2	差	噪声严重
1	劣	语音不可懂

4．呼叫话务量与忙时话务量

呼叫话务量是电话负荷大小的一种度量，又称话务负荷，一般指电话用户在某段时间内所进行的电话交换量。其定义如下

$$Y=MC'T \tag{1-3}$$

Y 为呼叫总话务量，单位为 Erl。M 为用户数，C' 为每小时每用户占用信道平均呼叫次数，T 为每小时每用户占用信道平均时间，其中 $MC'=C$ 看做每小时所有用户占用信道平均呼叫总次数，即

$$Y=CT \tag{1-4}$$

如果在一个小时之内连续地占用一个信道，则其呼叫话务量为 1Erl。这是一个信道所能完成的最大话务量。

例如，有 100 对信道（线路），平均每小时有 2100 次呼叫，平均每次呼叫时间为 2min，则在这些信道上的呼叫（总）话务量为

$$Y=\frac{2100}{60}\times 2=70(\text{Erl}) \tag{1-5}$$

每用户忙时话务量是指最繁忙的一小时每个用户的平均话务量。定义为

$$Y_{\text{B}}=\frac{C''Kt_0}{3600} \tag{1-6}$$

式中，Y_{B} 为每个用户忙时的平均话务量，C'' 为每个用户每天平均呼叫次数，t_0 为每次呼叫占用信道的平均时间，K 为集中率，其定义如下

$$K=\frac{\text{忙时话务}}{\text{全天话务}} \tag{1-7}$$

K 反映了一个通信系统“忙时”的集中程度，即忙时话务量在全天话务量中所占的比例。

5．容量

在多信道共用时，容量有两种表示法。

① 每个信道所能容纳的用户数（m）为

$$m=\frac{Y}{nY_{\text{B}}} \tag{1-8}$$

Y 为总话务量，Y_B 为每个用户忙时话务量，n 为共用信道数。

② 系统所能容纳的用户数（M）为

$$M = m \cdot n \tag{1-9}$$

n 为共用信道数，m 为每个信道所能容纳的用户数，它们相乘即得到系统容量。

6. 呼损率

在一个通信系统中，呼叫失败的概率称为呼叫损失概率，简称呼损率，记为 Z。它是指系统全部信道被占用后再发生呼叫就出现呼损，因此呼损率即电话接不通的比率。

$$Z = \frac{Y_0}{Y} = \frac{C_0}{C} \tag{1-10}$$

Y_0 为呼叫不成功的话务量，Y 为总话务量，C_0 为呼叫失败次数，C 为呼叫总次数。

呼损率的物理意义是损失话务量与呼叫话务量之比的百分数。呼损率在数值上等于呼叫失败次数与总呼叫次数之比的百分数。

7. 信道利用率

多信道共用时，信道利用率（η）是指每个信道平均完成的话务量。因此

$$\eta = \frac{Y_1}{n} = \frac{A(1-B)}{n} \tag{1-11}$$

Y_1 为呼叫成功而接通电话的话务量，n 为共用信道数。A 为话务量，单位为 Erl。B 是呼损率。一般可以由爱尔兰呼损表（表 1.2）计算 Y、Z 和 n。

表 1.2　　爱尔兰呼损表

B	1%	2%	3%	5%	7%	10%	20%
n	A	A	A	A	A	A	A
1	0.010	0.020	0.031	0.053	0.075	0.111	0.250
2	0.153	0.223	0.282	0.381	0.470	0.595	1.000
3	0.455	0.602	0.715	0.899	1.057	1.271	1.930
4	0.869	1.092	1.259	1.525	1.748	2.045	2.945
5	1.361	1.657	1.875	2.218	2.504	2.881	4.010
6	1.909	2.276	2.543	2.960	3.305	3.758	5.109
7	2.501	2.935	3.250	2.738	4.139	4.666	6.230
8	3.128	3.627	3.987	4.543	4.999	5.597	7.369
9	3.783	4.345	4.748	5.370	5.879	6.546	8.522
10	4.461	5.084	5.529	6.216	6.776	7.511	9.685
11	5.160	5.842	6.328	7.076	7.687	8.437	10.857
12	5.876	6.615	7.141	7.950	8.610	9.474	12.036
13	6.607	7.402	7.967	8.835	9.543	10.470	13.222
14	7.352	8.200	8.803	9.730	10.485	11.473	14.413
15	8.148	9.010	9.650	10.633	11.434	12.484	15.608
16	8.875	9.828	10.505	11.544	12.390	13.500	16.807
17	9.652	10.656	11.368	12.461	13.353	14.522	18.010
18	10.437	11.491	12.238	13.335	14.321	15.548	19.216

续表

B	1%	2%	3%	5%	7%	10%	20%
n	A	A	A	A	A	A	A
19	11.230	12.333	13.115	14.315	15.294	16.579	20.424
20	12.031	13.112	13.997	15.249	16.271	17.613	21.635
21	12.838	14.016	14.884	16.189	17.253	18.651	22.848
22	13.661	14.846	15.778	17.132	18.238	19.692	24.064
23	14.470	15.761	16.675	18.080	19.227	20.737	25.281
24	15.295	16.631	17.577	19.030	20.219	21.784	26.499
25	16.125	17.505	18.483	19.985	21.215	22.838	27.720
26	16.959	18.383	19.392	20.943	22.212	23.885	28.941
27	17.797	19.265	20.305	21.904	23.213	24.939	30.164
28	18.640	20.150	21.221	22.867	24.216	25.995	31.388
29	19.487	21.039	22.140	23.833	25.221	27.053	32.614
30	20.377	21.932	23.062	24.802	26.228	28.113	33.840

注：A—总呼叫话务量；n—信道数；B—呼损率。

例 1.1　某移动通信系统，每天每个用户平均呼叫 10 次，每次占用信道时间平均为 80s，忙时集中率 K=0.125，问系统呼损率要求在 10%的条件下，给定 8 个信道的系统能容纳多少用户？

解 ① 求出 Y_B

$$Y_B = \frac{C''Kt_0}{3600} = \frac{10 \times 80 \times 0.125}{3600}(\text{Erl})$$
$$\approx 0.027\text{Erl}$$

② 根据信道数 n，呼损率 Z，查呼损表得 Y=5.597

③ 求 m

$$m = \frac{Y/n}{Y_B} = \frac{5.597/8}{0.027}$$
$$\approx 25.7\text{用户/信道}$$

④ 求出系统容量

$$m \cdot n = 25.7 \times 8 = 205.8(\text{个})$$

1.4 移动通信中的多址技术

1.4.1 多址通信概述

（1）多路复用技术

多路复用就是在发送端用复用器将多路信号合在一起，在接收端用分路器将各路信号分开的多用户共用信道方式，有频分多路复用（FDM）、时分多路复用（TDM）、码分多路复用（CDM）和波分多路复用（WDM）等。

（2）多址接入技术

发端各路信息不需要集中，而是各自调制送入无线信道传输。接收端各自从无线信道上取下已调信号，解调后得到所需信息。许多用户同时通话，以不同的信道分隔，各用户信号通过在射频波道上的复用，从而建立各自的信道，以实现双边通信的连接，称为多址接入。解决多址接入问题的方法叫做多址接入技术。

移动通信的一大特点就是一个基站与多个移动台进行通信。多址接入技术可以使基站能从众多的移动台发出的信号中区分出是哪个移动台的信号，移动台也能识别基站发出的信号中哪一个是发给自己的。可以利用信号的某些特征实现多址接入，如工作频率、出现时间、编码序列等。

当以传输信号的载波频率的不同来区分信道建立多址接入时，称为频分多址（FDMA）方式；当以传输信号存在的时间的不同来区分信道建立多址接入时，称为时分多址（TDMA）方式；当以传输信号的码型的不同来区分信道建立多址接入时，称为码分多址（CDMA）方式。图 1.18 分别给出了 *N* 个信道的 FDMA、TDMA 和 CDMA 的示意图。

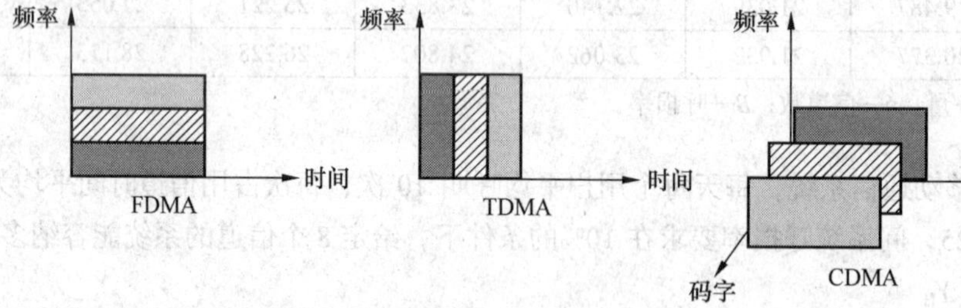

图 1.18　FDMA、TDMA 和 CDMA 的示意图

1.4.2　多址通信方式

1．FDMA 方式

（1）频分多路复用技术

频分多路复用（FDM）技术将各路信号的频谱搬至互不重叠的频带上，同时在一个信道中传输，接收端通过不同中心频率的带通滤波器把各路信息信号分离出来，如图 1.19 所示。

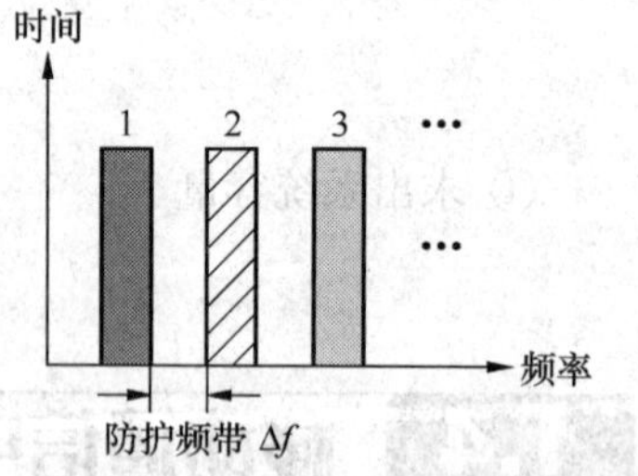

图 1.19　FDM 的工作示意图

（2）FDMA 原理

FDMA 是以传输信号的载波频率的不同来区分不同用户的方式，如图 1.20 所示。

信道间隔（如为 25kHz）保证信道之间不重叠。

（3）FDMA 的特点

- FDMA 信道每次只能传送一路电话。
- 每信道占用一个载频；相邻载频之间的间隔应满足传输信号带宽的要求；符号时间与平均延迟扩展相比较是很大的；移动台较简单，和模拟的较接近；基站复杂庞大，重复设置收发信设备；FDMA 系统每载波单个信道的设计，使得在接收设备中必须使用带通滤波器，允许指定信道里的信号通过，滤除其他频率的信号，从而限制邻近信道间的相互干扰；FDMA 需要精确的

RF 滤波器，需要双工器（单天线）。

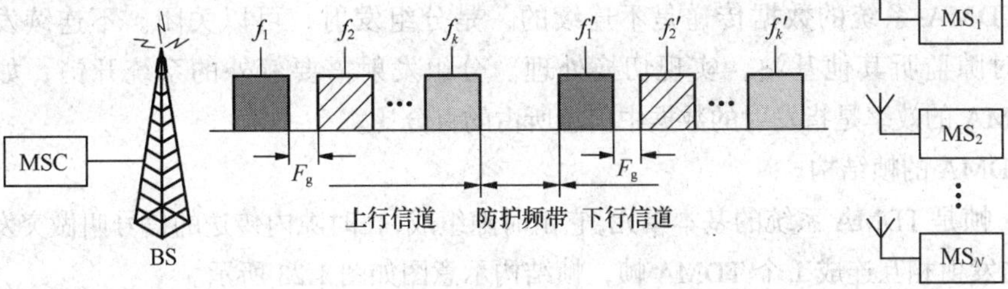

图 1.20　FDMA 示意图

- 非线性效应：许多信道共享一个天线，功率放大器的非线性会产生交调频率（IM），产生额外的 RF 辐射。
- FDMA 比 TDMA 简单，同步和组帧比特少，系统开销小。
- FDMA 通常是窄带系统。
- FDMA 是采用调频的多址技术，业务信道在不同的频段分配给不同的用户。
- FDMA 适合大量连续非突发性数据的接入，单纯采用 FDMA 作为多址接入方式已经很少见。目前中国联通、中国移动所使用的 GSM 移动电话网就是采用 FDMA 和 TDMA 两种方式的结合。

2．TDMA 方式

（1）时分多路复用（TDM）技术

TDM 技术以时间作为分割信号的参量，使各路信号在时间上互不重叠，利用不同时隙来传送各路不同信号，如图 1.21 所示。

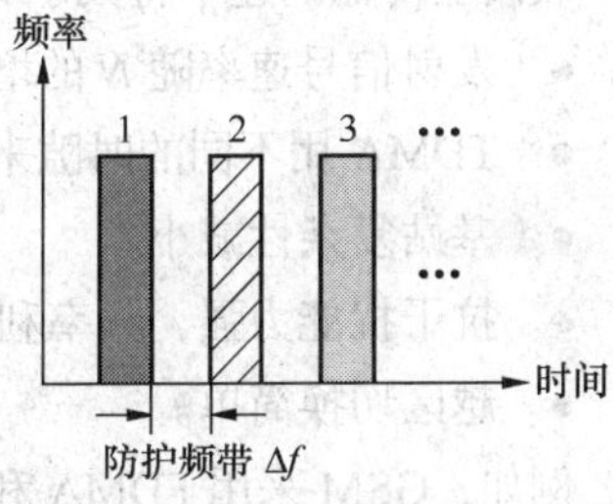

图 1.21　TDM 系统的工作示意图

TDM 是建立在抽样定理这一模拟信号数字化理论基础上的。

（2）TDMA 原理

TDMA 是在一个无线载波上，把时间分成周期性的帧，每一帧再分割成若干时隙（无论帧或时隙都是互不重叠的），每个时隙就是一个通信信道，分配给一个用户使用，如图 1.22 所示。

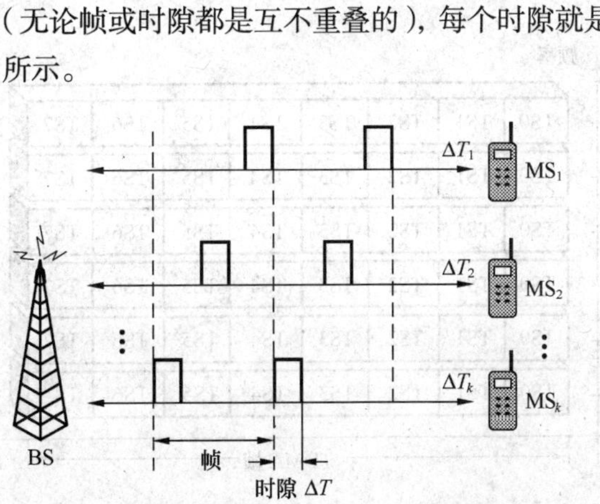

图 1.22　TDMA 系统的工作示意图

在 GSM 中，时分多址技术将每个载频分成 8 个时隙，每个时隙为一个信道。多个用户共享一个载波频率，分享不同时隙。按照不同的用户提供不同的带宽。需要自适应均衡保护时隙。TDMA 系统的数据传递是不连续的，是分组发射，可以关闭。不连续发送，可以利用空闲时隙监听其他基站，实现切换处理。分组发射需要额外的系统开销，如保护数据同步。TDMA 的效率是指发射的数据中信息所占的百分比。

（3）TDMA 的帧结构

TDMA 帧是 TDMA 系统的基本单元，它由时隙组成，在时隙内传送的信号叫做突发（Burst），各个用户的发射相互连成 1 个 TDMA 帧，帧结构示意图如图 1.23 所示。

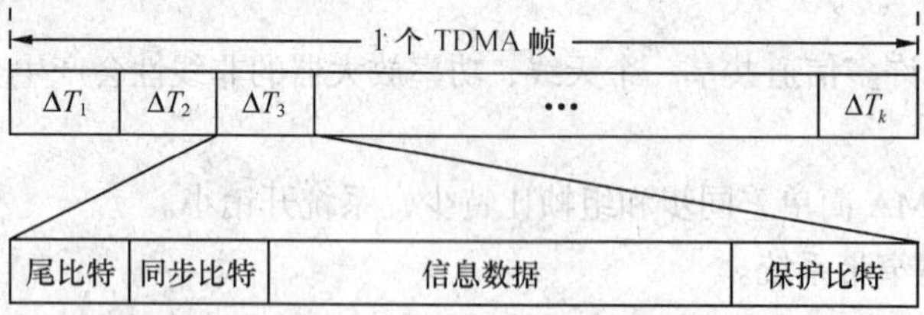

图 1.23 TDMA 帧结构

TDMA 主要传输 TDM 的数字信号，每个 MS 占有的时隙称为分帧或子帧。帧周期一般取语音 PCM 信号采样周期——125μs 或整数倍。

（4）TDMA 的特点

- 突发传输的速率高，远大于语音编码速率，设每路编码速率为 Kbit/s，共 N 个时隙，则在这个载波上传输的速率将大于 NKbit/s。
- 发射信号速率随 N 的增大而提高。
- TDMA 用不同的时隙来发射和接收，因此不需双工器。
- 基站复杂性减小。
- 抗干扰能力强，频率利用率高，系统容量大。
- 越区切换简单。

例如，GSM 采用 FDMA 和 TDMA 相结合的多址方式，总频带按 200kHz 间隔分成 124 对频道，每频道分成 8 个时隙，一个频道上的一个时隙分配给一个移动用户，如图 1.24 所示。

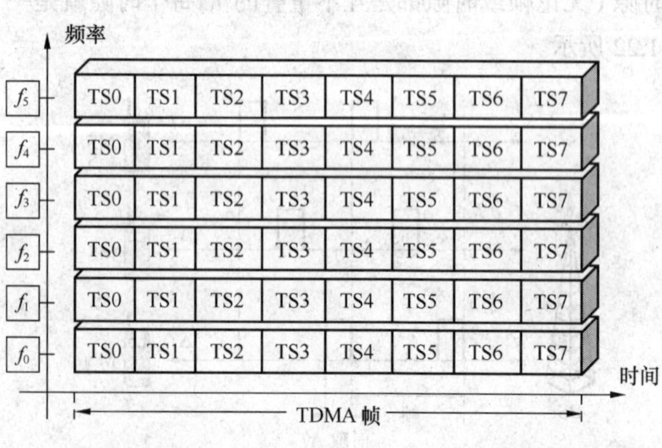

图 1.24 GSM 的 FDMA/TDMA 结构

TDMA 是采用了时分的多址技术，将业务信道在不同的时间段分配给不同的用户。TDMA 的优点是频谱利用率高，适合支持多个突发性、低速率数据用户的接入。除中国联通、中国移动所使用的 GSM 网采用 FDMA 和 TDMA 两种方式的结合外，广电 HFC 网中的 CM 与 CMTS 间通信中也采用了时分多址的接入方式（基于 DOCSIS1.0 或 1.1 和 Eruo DOCSIS1.0 或 1.1）。

3．码分多址方式

（1）码分复用

码分复用（Code Division Multiplexing，CDM）是靠不同的编码来区分各路原始信号的一种复用方式，和各种多址技术结合产生了各种接入技术。例如，在蜂窝系统中是以信道来区分通信对象的，一个信道只容纳一个用户进行通话，许多同时通话的用户，互相以信道来区分，这就是多址。移动通信系统是一个多信道同时工作的系统，具有广播和大面积覆盖的特点。在移动通信系统的覆盖区内，建立用户之间的无线信道连接，属于多址接入技术。CDMA（Code Division Multiple Access）就是码分多址的一种方式，称为码分多址。

例如，共有 4 个站进行码分复用通信，4 个站的码片序列为

A：（−1 −1 −1 +1 +1 −1 +1 +1）

B：（−1 −1 +1 −1 +1 +1 +1 −1）

C：（−1 +1 −1 +1 +1 +1 −1 −1）

D：（−1 +1 −1 −1 −1 −1 +1 −1）

现收到码片序列 S 为（−1 +1 −3 +1 −1 −3 +1 +1），可以判断为哪个站发的，发送的信号是什么。

（2）CDMA 原理

① 扩频技术的概念

通常将已调信号带宽与调制信号的带宽之比在 100 以上的信息传输方式称为扩频通信，否则只能是宽带或窄带通信。

扩频技术是一种信息传输方式，其系统占用的频带宽度远大于要传输的原始信号的带宽（或信息比特率），且与原始信号带宽无关。在发送端，频带的展宽是通过扩频来实现的。在接收端用与发送端完全相同的扩频码进行相关解扩来恢复信息。

扩频技术有直接序列（DS）扩频、跳频（FH）扩频、线性调频（chirp）、跳时扩频等技术。扩频技术广泛应用于卫星通信、微波通信、移动通信等通信系统中，其中多使用 DS、FH 技术。

② CDMA 原理

图 1.25 是直接序列扩频码分多址（CDMA/DS）的单工链路原理框图。

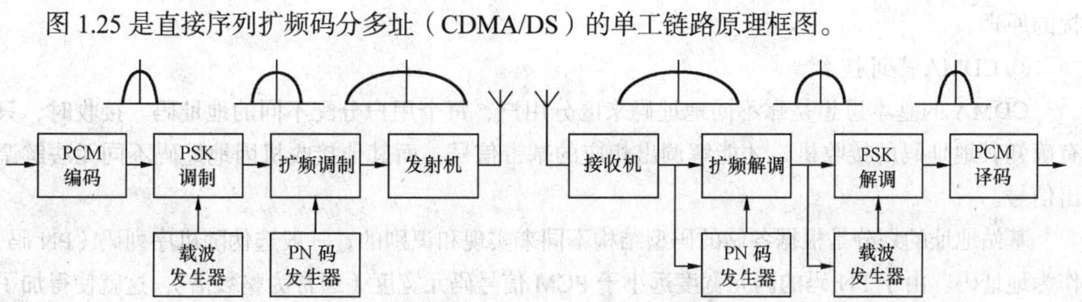

图 1.25　CDMA/DS 单工链路组成框图

可见，它是经过二次调制的，其中PSK调制是窄带调制，而另一调制是一扩展频谱的调制。因为PN码是一高速窄脉冲的随机序列，PN码速率远高于PCM信息码速率，故已调的PSK信号频谱被展宽，所以调制后的信号带宽将远大于PSK调制后的信号带宽，因此称此过程为扩频。

由于PN码的码元宽度远小于PCM信号码元宽度，这使得通过伪随机码进行扩频的信号频谱远大于原基带信号的频谱。

CDMA的基本原理就是用一个带宽比信息带宽宽得多的伪随机码（PN码）对信息数据进行扩频；解扩时是将接收到的扩展频谱信号与一个和发端PN完全相同的本地码进行相关检测，若收到的信号与本地PN相匹配，信号就恢复到其扩展前的原始带宽。

③ 伪随机序列或伪噪声序列

通常将m序列称为伪随机序列或伪噪声序列（PN码）。

什么是m序列？m序列是最长线性反馈移位寄存器序列的简称。它是由带线性反馈的移位寄存器产生周期最长的一种序列。图1.26给出了一个4级线性反馈移位寄存器（m序列）的例子。

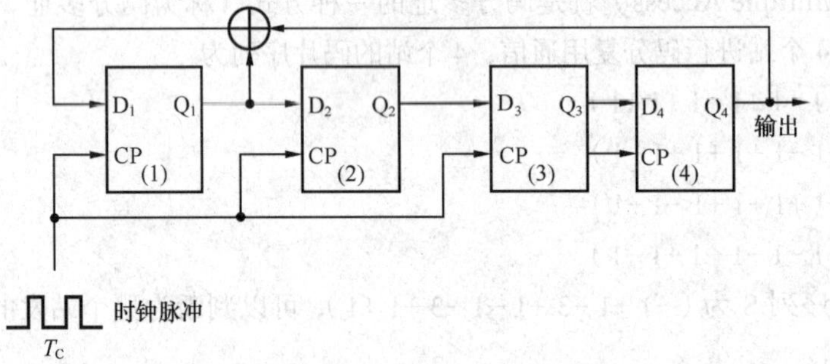

图1.26　m序列产生电路

因为4级移位寄存器共有$2^4=16$种可能的不同状态，除全部“0”态外，只剩15种状态可用。即由任何4级线性反馈移位寄存器产生的序列最长为15。输出端Q_4由0经15状态再回到0，故周期最长。由此例可见，一般来说，一个n级线性反馈移位寄存器可能产生的最长周期等于2^n-1，我们将这种最长线性反馈移位寄存器序列简称为m序列。

④ 扩频技术的优势

扩频技术的优势是提高通信的抗干扰能力，即使系统在强干扰条件下也能安全可靠地通信，其原理如图1.27所示。

在接收机的输入信号中混入干扰信号，其功率谱如图1.27（c）所示。经扩频解调后的有用信号变成窄带信号，而干扰信号变成宽带信号，如图1.27（d）所示，再经窄带滤波器滤掉有用信号带外的干扰信号，如图1.27（e）所示，从而降低干扰信号强度，改善信噪比，这就是抗干扰的原理。

⑤ CDMA多址技术

CDMA的基本思想是靠不同地址码来区分用户，每个用户分配不同的地址码。接收时，只有确知其地址码的接收机，才能解调出相应的基带信号，而其他接收机因地址码不同无法解调出信号。

基站地址的划分是根据各站的码型结构不同来实现和识别的，一般选伪随机序列码（PN码）作为地址码。由于PN码的码元宽度远小于PCM信号码元宽度（通常为整数倍），这就使得加了PN码的信号频谱远大于原基带信号的频谱，因此码分多址也称为扩频多址。

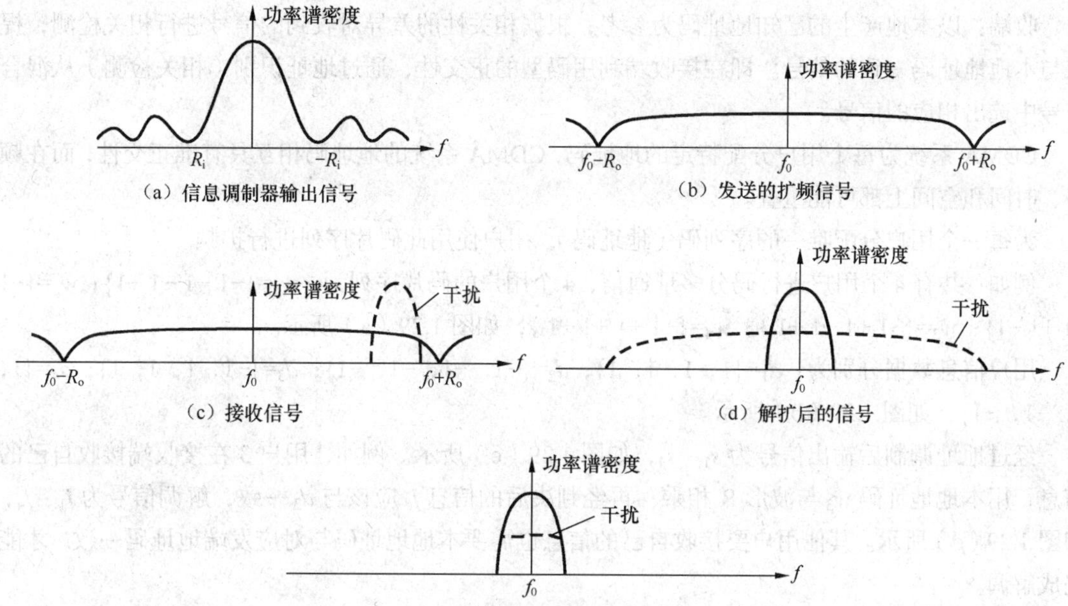

图 1.27　扩频技术抗干扰示意图

图 1.28 为一个 CDMA/DS 通信系统的框图，该系统共可传送 n 个载波：$c_1(t)$，$c_2(t)$，…，$c_i(t)$，…，$c_n(t)$，相应地共需 n 个地址码：$w_1(t)$，$w_2(t)$，…，$w_i(t)$，…，$w_n(t)$。图 1.28 中只画出第 i 个载波 $c_i(t)$ 的发送端与接收端的基本组成，已在图 1.25 中，即以 $c_i(t)$ 的一条单工链路为例说明了系统组成和工作过程。

发端：各发送端用各不相同的、相互正交或准正交的地址码调制其所发送的信号，利用自相关性很强而互相关值为 0 或很小的周期性码序列作为地址码，与用户信息数据相乘实现扩频调制后输出。

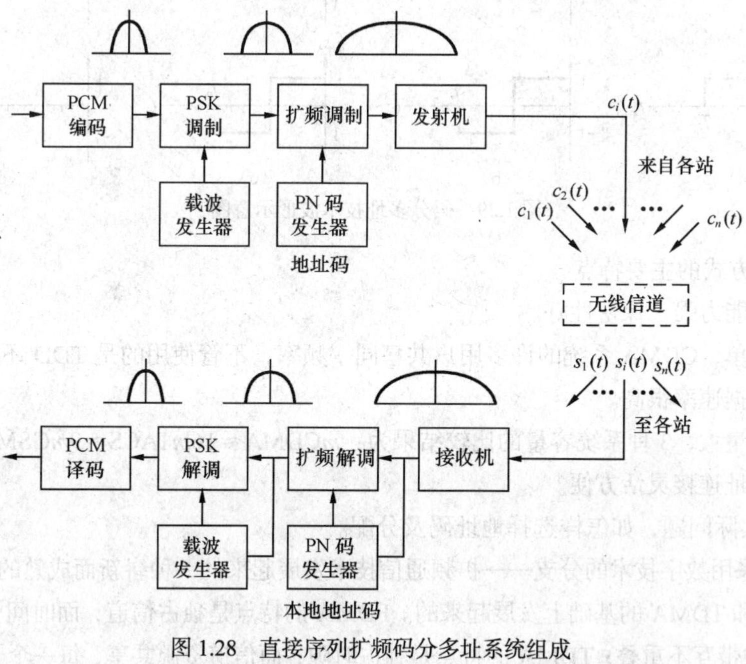

图 1.28　直接序列扩频码分多址系统组成

收端：以本地产生的已知地址码为参考，根据相关性的差异对收到的信号进行相关检测，提取与本地地址码一致的信号。即在接收端利用码型的正交性，通过地址识别（相关检测）从混合信号中选出相应的信号。

CDMA 系统为每个用户分配特定的地址码，CDMA 系统的地址码相互具有准正交性，而在频率、时间和空间上都可能重叠。

为每一个用户分配唯一的序列码（地址码），用户使用此码片序列进行扩频。

例如：共有 4 个用户进行码分多址通信，4 个用户的码片序列为：w_1={−1 −1 −1 +1}；w_2={−1 −1 +1 −1}；w_3={−1 +1 −1 +1 }；w_4={+1 +1 +1 +1 }，如图 1.29（a）所示。

用户信息数据分别为：d_1={1，1，1，1}；d_2={−1，−1，−1，−1}；d_3={−1，1，1，1}；d_4={1，1，−1，−1}，如图 1.29（b）所示。

经过地址调制后输出信号为 $s_1 \sim s_4$，如图 1.29（c）所示。例如，用户 3 在接收端接收自己的信息，用本地地址码 w_3 与波形 R 相乘，再经判决后的信息 j_3 应该与 d_3 一致，解调信号为 $j_1 \sim j_4$，如图 1.29（d）所示。其他用户要接收自己的信息也需要本地地址码与对应发端地址码一致，才能完成解调。

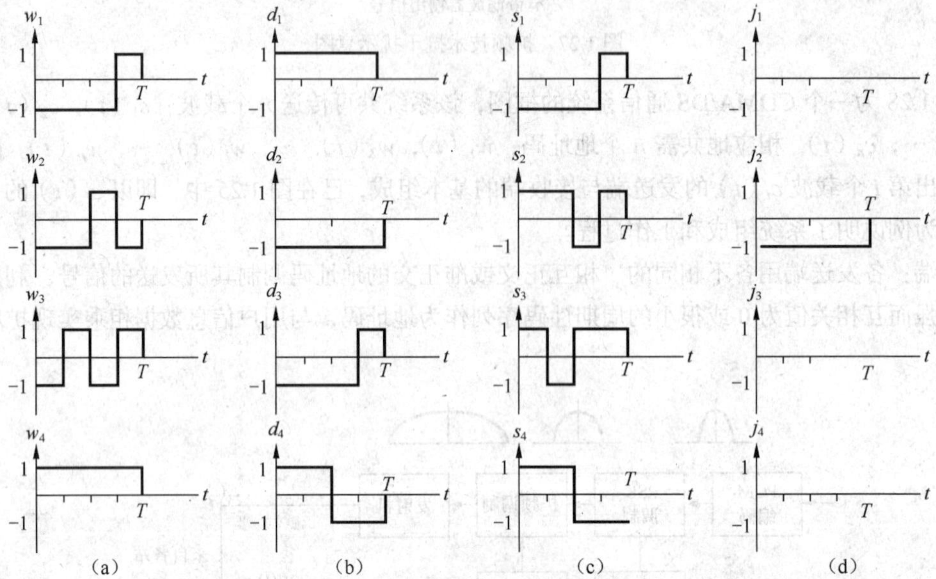

图 1.29　码分多址技术波形示意图

⑥ CDMA 方式的主要特点

- 抗干扰能力强，保密性好。
- 设备简单，CDMA 系统的许多用户共享同一频率，不管使用的是 TDD 还是 FDD 技术。
- 信道数据速率很高。
- 通信容量大，3 种系统容量的比较结果为：mCDMA≈16mTACS≈9mGSM。
- 实现多址连接灵活方便。

但还存在实际问题，如怎样选择地址码及分配。

CDMA 是采用数字技术的分支——扩频通信技术发展起来的一种崭新而成熟的无线通信技术，它是在 FDMA 和 TDMA 的基础上发展起来的。FDMA 的特点是独占信道，而时间资源共享，每一子信道使用的频带互不重叠；TDMA 的特点是独占时隙，而信道资源共享，每一个子信道使用的时隙不重叠；CDMA 的特点是所有子信道在同一时间可以使用整个频带进行数据传输，它在信道与时间资源上均为共享，因此，信道的利用率高，系统的容量大。CDMA 技术基于扩频技术，即将需传送的具有一定信号带宽的信息数据用一个带宽远大于信号带宽的高速伪随机码（PN）进行扩频，使原数据信号的带宽被扩展，再经载波调制并发送出去；接收端使用完全相同的伪随机码，与接收的宽带信号作相关处理，把宽带信号换成原信息数据的窄带信号（即解扩），以实现信息通信。

CDMA 技术完全适合于现代移动通信网所要求的大容量、高质量、综合业务、软切换等，正受到越来越多的运营商和用户的青睐。

4．同步码分多址技术

同步码分多址（Synchrnous Code Division Multiplexing Access，SCDMA）是指伪随机码之间是同步正交的，应用较广泛。广电 HFC 网中的 CM 与 CMTS 的通信中就用到该项技术，例如，美国泰立洋公司（Terayon）和北京凯视通电缆电视宽带接入，结合 ATDM（高级时分多址）和 SCDMA 上行信道通信（基于 DOCSIS2.0 或 Eruo DOCSIS2.0）。

中国提出的第三代移动通信系统（TD-SCDMA）也采用同步码分多址技术，这意味着代表所有用户的伪随机码在到达基站时是同步的，由于伪随机码之间的同步正交性，可以有效地消除码间干扰，系统容量将得到极大地改善，它的系统容量是其他第三代移动通信标准的 4 ~ 5 倍。

1.5　蜂窝移动通信的交换技术

1.5.1　移动交换系统

移动交换系统完成无线用户之间、无线用户与市话用户之间建立通话时的接续和交换，移动交换设备与程控电话交换机相比有一些特殊功能。因为移动用户可在一定区域内任意移动，完成移动用户间或移动用户与固定用户间的一个接续，须经固定网和无线信道的链接，而且移动台位置的变动使得整个服务区内话务分布状态随时发生剧烈的变化。移动交换系统的特殊功能是：用户数据的存储；用户位置的登记；寻呼用户的信令系统识别及处理；越区信道转换的处理；过荷控制；远距离档案存取；路由的控制。

蜂窝移动通信网也是一种交换式通信网。蜂窝移动通信的交换技术要比公用电话系统交换技术复杂。移动通信的 MSC（移动交换中心）除具备公网交换设备功能外还要增加用户移动性管理功能，如用户位置登记（不是一次性位置登记，而是每次开机后根据网络管理的要求进行多次登记），越区切换和网络移动性管理，如网内位置区划分、用户位置更新、用户定位、越区切换和漫游切换等。

1.5.2　蜂窝移动通信呼叫建立过程

（1）移动台主呼

移动台搜索控制信道，当发现该信道空闲时，即通过该信道发出呼叫信号。在网中不设置专门的呼叫信道，所有的信道都可供通话，选择呼叫与通话可在同一信道上进行。基站在某一空闲信道发出空闲信号，所有未通话的移动台都自动地对所有信道进行搜索。

（2）移动台被呼

移动控制交换中心收到呼叫信号后，经识别并确认用户。指移动台主听时，要求入网。为此在上行链路的控制信道上传送入网信息，如将自己的用户识别号告知基站，并在下行链路的控制信道上等候指配语音信道。接入过程如下：移动台开机后，在内存程序控制下，进行自动搜索控制信道。若为空闲，就发送入网信息，基站收到移动台发送的接入信息后，告知移动交换局（MTSO），移动交换局（MTSO）经核实为有效用户时，就为基站和移动台指配一对语音信道，移动台就根据指配指令自动调谐到语音信道，这样就完成了接入过程。

（3）位置登记

步骤是在移动台的实时位置信息已知的情况下，更新位置数数据库和认证移动台。

由于移动台的移动性和呼叫达到情况是千差万别的，位置更新和寻呼机制应能够基于每一个用户的情况进行调整。

（4）通话过程中的越区（信道）切换

越区切换（也称过区切换，Hand-over 或 Hand-off）是指将当前正在进行的移动台与基站之间的通信链路从当前基站转移到另一个基站的过程。该过程也称为自动链路转移（Auto-matic Link Transfer，ALT）。越区切换是为了保证通信的连续性，正在通话的移动台从一个小区进入相邻的另一小区时，工作信道从一个无线信道上转换到另一个无线信道上，而通话不中断，如图 1.30 所示。

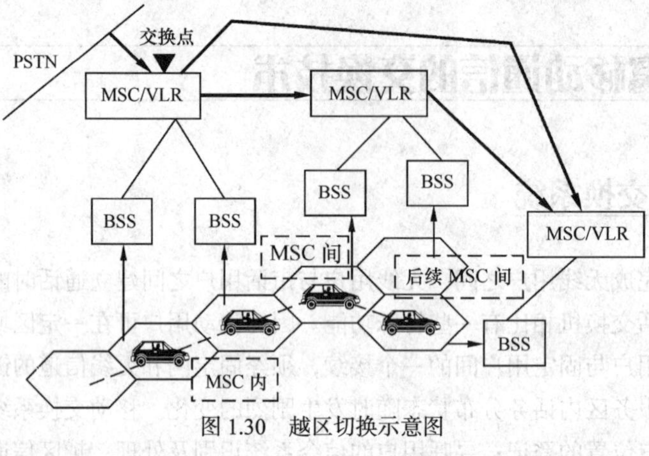

图 1.30　越区切换示意图

越区切换分为两大类：一类是硬切换，另一类是软切换，如图 1.31 所示。

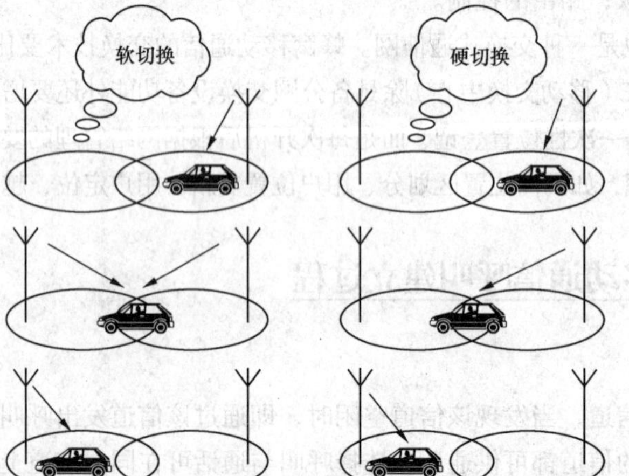

图 1.31　切换方式比较

硬切换是指移动台在进行切换时，在新的连接建立以前，移动台要先中断与原通信基站的联系，再建立与目标基站间的通信。

而软切换是指在维持旧的连接同时建立新的连接，并利用新、旧链路的分集合并来改善通信质量，当与新基站建立可靠连接之后再中断旧链路。也即移动台在切换时，先不中断与原通信基站的联系，而与目标基站先建立通信，两个基站可同时为一个用户提供服务，当与目标基站实现可靠通信后，再切断与原基站间的通信。

GSM 中支持硬切换；CDMA 中支持软切换，也支持硬切换。

按切换小区的控制区域分类如图 1.32 所示：在同一基站控制器（BSC）下的小区间的越区切换；在同一 MSC，不同的 BSC 下的小区间进行的越区切换，如图 1.33 所示；在不同 MSC 下的小区间的越区切换（也称为越局切换）。

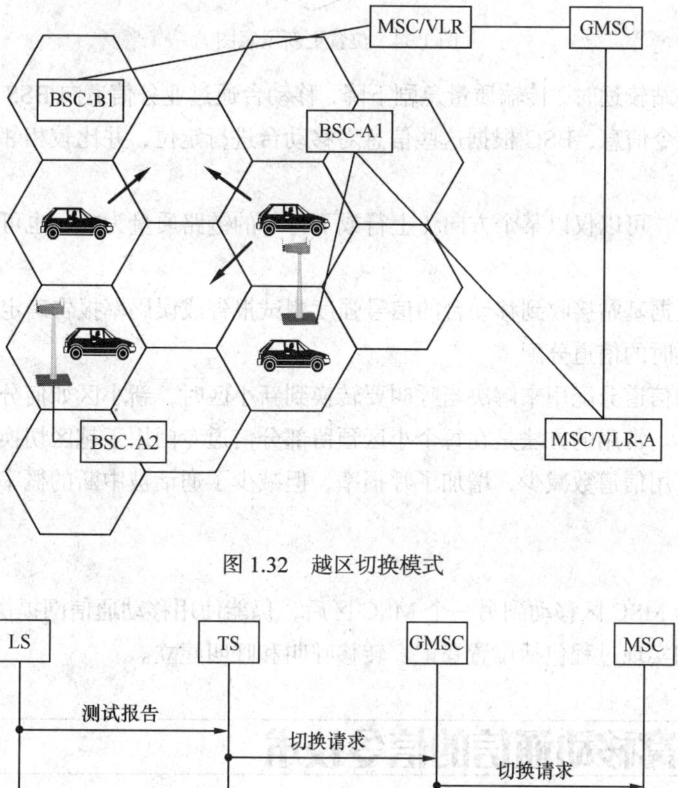

图 1.32　越区切换模式

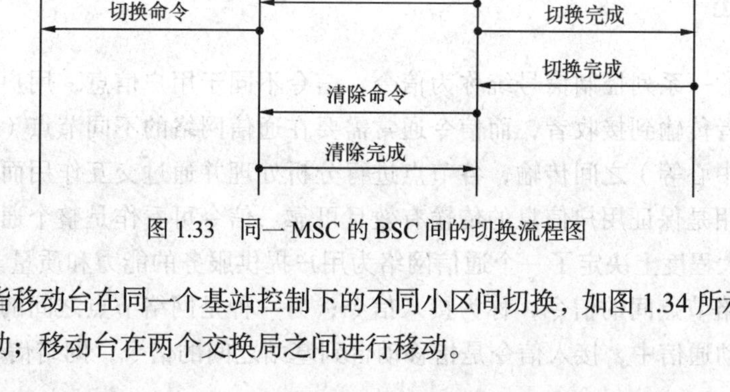

图 1.33　同一 MSC 的 BSC 间的切换流程图

位置更新是指移动台在同一个基站控制下的不同小区间切换，如图 1.34 所示。移动台在两个基站之间进行移动；移动台在两个交换局之间进行移动。

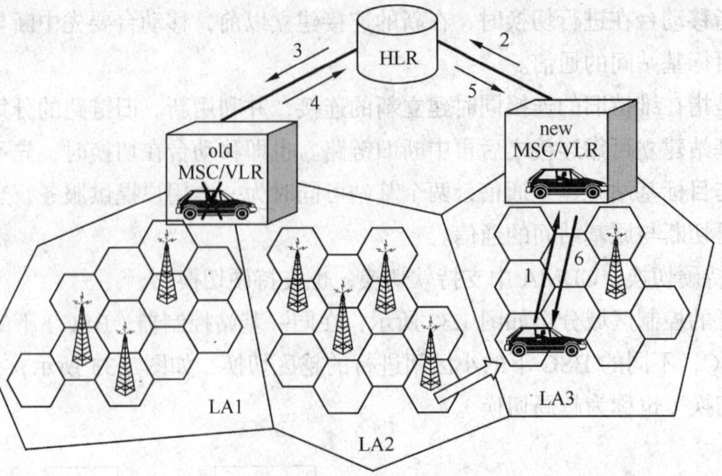

图 1.34 位置更新示意图

当移动台离基站较远时，传输质量急剧下降，移动台通过业务信道向 BSS 发送自己信号强度信息，以及一些信令信息，BSC 根据这些信息对移动台进行定位，并比较相邻基站的信号，决定是否进行切换。

在越区切换时，可以仅以某个方向（上行或下行）的链路质量为准，也可以同时考虑双向链路的通信质量。

切换时刻是根据基站接收到移动台的信号强度测试报告或误码率报告确定的。

（5）越区切换时的信道分配

越区切换时的信道分配用来解决当呼叫要转换到新小区时，新小区如何分配信道，使得越区失败的概率尽量小。常用的方法是在每个小区预留部分信道专门用于越区切换。这种方法的特点是，虽然新呼叫可用信道数减少，增加了呼损率，但减少了通话被中断的概率，符合用户的使用习惯。

（6）漫游

移动台从一个 MSC 区移动到另一个 MSC 区后，仍能使用移动通信网提供的通信服务功能，称为漫游。漫游的实现过程包括位置登记、转移呼叫和呼叫建立。

1.6 蜂窝移动通信的信令技术

1.6.1 概述

和通信有关的一系列控制信号统称为信令。信令不同于用户信息，用户信息是直接通过通信网络由发送者传输到接收者，而信令通常需要在通信网络的不同节点（如基站、移动台和移动控制交换中心等）之间传输，各节点进行分析处理并通过交互作用而形成一系列的操作和控制，其作用是保证用户信息的传输有效且可靠。信令可看作是整个通信网络的神经中枢，其性能在很大程度上决定了一个通信网络为用户提供服务的能力和质量。信令分为两种：一种是用户到网络节点间的信令，称为接入信令；另一种是网络节点之间的信令，称为网络信令。在蜂窝移动通信中，接入信令是指移动台到基站之间的信令，网络信令称为 7 号信令系统（SS7）。

信令网由3部分组成，即信令点（SP）、信令转接点（STP）和信令链（SL）。

（1）SP（SIGNALLING POINT）：信令点，是消息的起源点和目的地点。

（2）STP（SIGNALLING TRANSMIT POINT）：信令转接点，具有转接信令的功能，它可以将一条信令链的信令消息转接到另一信令点。STP可分两种：一种是只具有消息传递部分（MTP）功能的专用信令转接点，称为独立的信令转接点；另一种是既有MTP功能，又包括用户部分的具有信令点功能的信令转接点，称为综合的信令转接点。

（3）SL（SIGNALLING LINE）：信令链，是两个节点间PCM链路的一个或多个信道，两个节点间的信令链数量的多少决定于两个节点间话务量的大小。SL是信令网中连接信令点的最基本部件。

我国的信令网结构分三层，也就是高级信令转接点（HSTP），初级信令转接点（LSTP）和信令点（SP）。为了提高网络的安全性，一般采用"四倍备份"的冗余结构，也就是每个SP至少和两个LSTP相连，一个LSTP至少和两个HSTP相连。

信令路由规划的基本原则是按照"最短路径"准则确定至各个目的地点的路由等级。所谓最短路径也就是STP的转接次数最少，首选直连，次选迂回。路由选择的基本规则是"负荷分担"，也就是同一等级路由中的各个信令链路全部工作，平均匀分担话务。

例如，广东的信令网结构如图1.35所示。

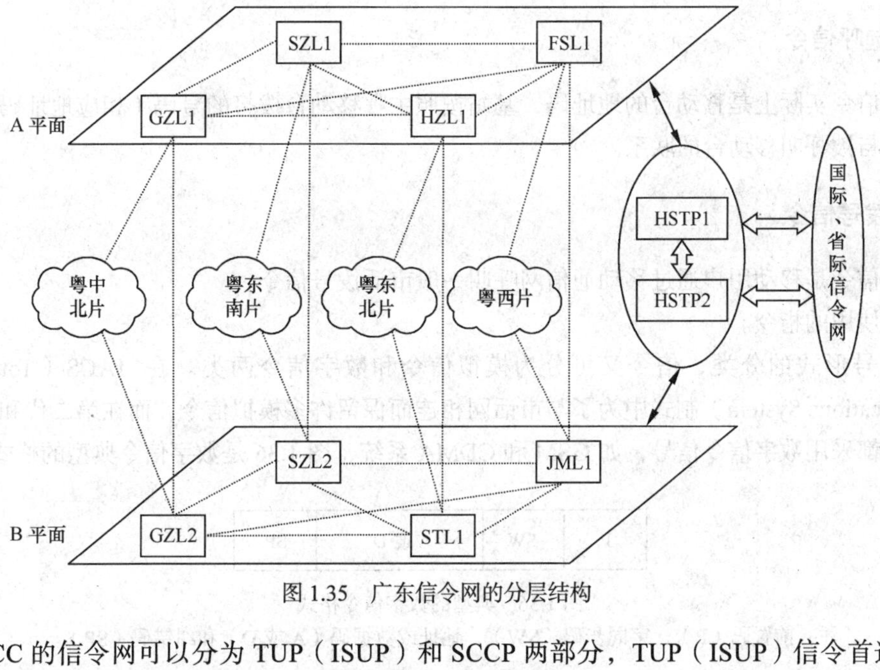

图1.35　广东信令网的分层结构

GMCC的信令网可以分为TUP（ISUP）和SCCP两部分，TUP（ISUP）信令首选随话务网疏通，次选走独立信令网；SCCP消息则几乎全部由独立信令网疏通（国际来话除外）。由于TUP信令已经不能满足业务的增长要求，凡是话务的网元之间全部将TUP信令升为ISUP信令。

为了实现话务的高质量不间断的接续和各种业务的准确计费，移动通信网络必须保证全网的同步，一般第一同步为本地的大楼时钟，第二同步为自己的上一级网元（如对MSC来说应是TR或LSTP）。

1.6.2 接入信令

在空中接口 Um 协议中，第三层包括 3 个模块：呼叫管理、移动管理和无线资源管理。它们产生的信令，经过链路层和物理层进行传输。根据空中接口标准的不同，物理信道中传输信令的方式有多种，有的设有专用控制信道，有的不设专用控制信道。

移动通信的信令按功能分类，可分为以下三类。

1．控制信令

基站到移动台方向：

（1）通话信道指配信令，由基站为移动台指配信道；

（2）空闲信令，表示专用的呼叫信道未被占用；

（3）拆线信令，表示通话结束，线路复原。

移动台到基站方向：

（1）回铃信令，表示移动台接收到了信号；

（2）发信信令，表示移动台发送了信号；

（3）拆线信令，表示通话结束，线路复原。

2．选呼信令

选呼信令实际上是移动台的地址码，基站按照主呼移动台拨打的号码（相应地址码）选呼，即可建立与被呼叫移动台的联系。

3．拨号信令

拨号信令是移动用户通过移动通信网呼叫一般市话拨号信令。

用户使用的指令。

按信号形式的分类，信令又可分为模拟信令和数字信令两类。在 TACS（Total Access Communications System）制式中为了与市话网相连而保留许多模拟信令，而在第二代和第三代移动通信网都采用数字信令信号，如 GSM 和 CDMA 系统，图 1.36 是数字信令典型的格式。

P	SW	A 或 D	SP

图 1.36　典型的数字信令格式

注：前置码（P），字同步码（SW），地址或数据码（A 或 D）和纠错码（SP）。

1.6.3 网络信令

常用的网络信令就是 7 号信令，它主要用于交换机之间、交换机与数据库（如 HLR、VLR 和 AUC）之间交换信息。7 号信令系统的协议结构如图 1.37 所示。它包括 MTP、SCCP、TCAP、MAP、OMAP 和 ISDN-UP 等部分。

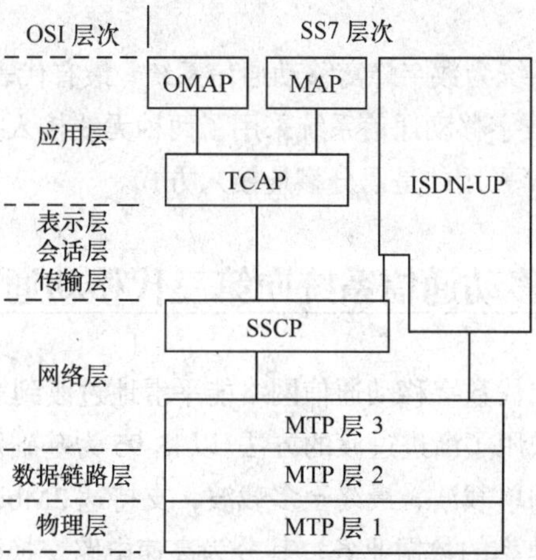

图 1.37　7 号信令系统的协议结构

消息传递部分（MTP）提供一个无连接的消息传输系统。MTP 中的功能允许在网络中发生的系统故障不对信令信息传输产生不利影响。MTP 分为 3 层：第一层为信令数据层，它定义了信号链路的物理和电气特性；第二层是信令链路层，它提供数据链路的控制，负责提供信令数据链路上的可靠数据传送；第三层是信令网络层，它提供公共的消息传送功能。 信令连接控制部分（SCCP）提供用于无连接和面向连接业务所需的对 MTP 的附加功能。ISDN 用户部分（ISDN-UP 或 ISUP）支持的业务包括基本的承载业务和许多 ISDN 补充业务。事务处理能力应用部分（TCAP）提供使用与电路无关的信令应用之间交换信息的能力，TCAP 提供操作、维护和管理部分（OMAP）和移动应用部分（MAP）应用等。作为 TCAP 的应用，在 MAP 中实现的信令协议有 IS-41、GSM 应用等。

7 号信令网络是叠加在通信网络上的一个独立网络。它由 3 个部分组成：信令点（SP）、信令链路和信令转移点（STP）。

1.7 移动通信发展概况和发展方向

1.7.1 移动通信发展概况

移动通信发展的第一阶段从 20 世纪 20 年代至 40 年代，为早期发展阶段。第二阶段从 20 世纪 40 年代中期至 60 年代初期。第三阶段从 20 世纪 60 年代中期至 70 年代中期。第四阶段从 20 世纪 70 年代中期至 80 年代中期。第五阶段从 20 世纪 80 年代中期开始至 20 世纪末，这是数字移动通信系统发展和成熟的时期。第六阶段自 2000 年左右开始，此时伴随着对第三代移动通信的大力研究，以及 2.5G GPRS 系统的部署，3G 走到了通信舞台的前沿。

通常所说的第一代移动通信系统是指模拟蜂窝移动通信系统。它是频分多址接入（FDMA）的移动通信系统。概括起来第一代蜂窝移动通信网有以下缺点：

（1）制式太多，互不兼容，无法漫游，限制了用户覆盖面；

（2）提供业务的种类受限制，不能传送数据信息；

（3）容易被窃听；

（4）不能与 ISDN 兼容。

第二代移动通信（2G）系统为数字蜂窝移动通信系统，最有代表性的是 GSM（Global System for Mobile）和 CDMA 系统。数字移动通信系统采用了两种无线接入方式：GSM 采用的是 TDMA，即时分多址接入方式；CDMA 采用的是码分多址接入方式。

1.7.2 第二代数字移动通信系统向第三代移动通信系统的演进

为了使现有的庞大的第二代数字移动通信网络能平滑地过渡到第三代移动通信网络，美国的 IS-95 和欧洲的 GSM 系统都采用了渐进过渡的方法。以 IS-95 为基础发展，逐渐从 IS-95A 至 IS-95B 过渡到第三代移动通信系统的单载波，最终至多载波，支持达 2Mbit/s 的数据速率。GSM 系统则通过应用新技术，提供更高速率的数据业务。其分为高速电路交换数据业务（HSCSD）、通用无线分组业务（GPRS）、增强数据速率（EDGE）3 个阶段，最终演进至 WCDMA，提供高达 2Mbit/s 以上的峰值速率。

1.7.3 第三代移动通信网概况

第三代移动通信网络，是指能支持语音、数据和移动多媒体业务的宽带数字移动网络。

第三代移动通信系统能提供多种类型、高质量的多媒体业务，能实现全球无缝覆盖，具有全球漫游功能，与固定网络相兼容，并以小型便携式终端在任何时候、任何地点进行任何种类的通信。第三代移动通信系统最早于 1985 年由 ITU 提出，当时称为未来公共陆地移动通信系统（FPLMTS），1996 年更名为国际移动通信-2000（IMT-2000）。

IMT-2000 CDMA-DS，即 WCDMA。

IMT-2000 CDMA-MC，即 CDMA2000。

IMT-2000 CDMA TDD，目前包括中国提出的 TD-SCDMA 和 UTRA TDD（TD-CDMA）。

3 种主要技术体制的比较如表 1.3 所示。

表 1.3　　3 种主要技术体制的对比情况

制　式	WCDMA	CDMA2000	TD-SCDMA
采用国家和地区	欧洲、日本、中国	美国、韩国、中国	中国
继承基础	GSM	窄带 CDMA	GSM
同步方式	异步	同步	异步
码片速率	3.84Mbit/s	N×1.2288Mbit/s	1.28 Mbit/s
信号带宽	5MHz	N×1.25MHz	1.6MHz
空中接口	WCDMA	CDMA2000（兼容 IS-95）	TD-SCDMA
核心网	GSM MAP	ANSI-41	GSM MAP

1.7.4 移动通信的发展方向

第四代移动通信系统与技术已经是目前移动通信领域的研究热点。1999 年成立的 ITU-R 的

WP8F 工作组的主要任务是负责 3G 未来发展和超 3G 的研究。WP8F 工作组提出的超 3G 系统的要求主要包括：高速数据传输；以 IP 为基础的无线接续，支持 QoS；各系统（IMT-2000、WLAN、BWA、卫星和广播）之间无缝的业务支持，并支持全球漫游；支持多重模式、支持对称/非对称业务。4G 通信技术并没有脱离以前的通信技术，而是以传统通信技术为基础，不断提高无线通信网络的效率和功能。可以预见，未来的 4G 网络的发展将会存在广带化、网络互联综合和重叠、软件无线电以及灵活和自适应的发展趋势。

本章小结

本章首先介绍了移动通信的分类，移动通信的工作频段。移动通信包括无线传输、有线传输，信息的收集、处理和存储等，使用的主要设备有无线收发信机、移动交换控制设备和移动终端设备。

移动通信网的基本结构包括移动台（Mobile Station，MS）、基站（Base Station ，BS）、构成网络节点的移动交换中心（Mobile Service Switching Center，MSC）及与市话网（PSTN）相连接的中继线等。小区制移动通信系统的覆盖方式有两种：一种是带状服务覆盖区，用于覆盖公路、铁路、海岸等；另一种面状服务覆盖区，无线移动通信系统广泛使用六边形研究系统覆盖和业务需求。

本章重点叙述了蜂窝小区的概念，包括频率覆盖、区群的概念与构成、区群基站激励方式、小区分裂、信道（频率）配置、多信道共用技术及移动通信网络系统的常见指标。

同时还介绍了移动通信中的多址技术，先介绍多路复用技术和多址接入技术概念。多址通信方式包括 FDMA 方式、TDMA 方式、CDMA 方式。

然后说明了蜂窝移动通信的交换技术，交换系统完成无线用户之间、无线用户与市话用户之间建立通话时的接续和交换，移动交换设备与程控电话交换机相比有一些特殊功能。因为移动用户可在一定区域内任意移动，完成移动用户间或移动用户与固定用户间的接续，须经固定网和无线信道的链接，而且移动台位置的变动使得整个服务区内话务分布状态随时发生剧烈地变化。蜂窝移动通信呼叫建立过程包括移动台主呼；移动台被呼；位置登记；通话过程中的越区（信道）切换。越区切换分为两大类——一类是硬切换，另一类是软切换。

接着介绍了蜂窝移动通信的信令技术，和通信有关的一系列控制信号统称为信令。信令不同于用户信息，用户信息是直接通过通信网络由发送者传输到接收者，而信令通常需要在通信网络的不同节点（如基站、移动台和移动控制交换中心等）之间传输，各节点进行分析处理并通过交互作用而形成一系列的操作和控制，其作用是保证用户信息有效且可靠的传输。信令网由 3 部分组成，即信令点（SP）、信令转接点（STP）和信令链（SL）。

最后简单介绍了移动通信发展概况和发展方向。

习题和思考题

1. 移动通信系统一般由几大部分组成？
2. 常用的移动通信系统有哪几种？
3. 移动通信网的服务区域覆盖方式可分为几种？
4. 蜂窝移动通信采用小区制方式有何优缺点？
5. 移动通信网采用蜂窝小区制覆盖的目的是什么？
6. 大区制移动通信系统和小区制移动通信系统的根本区别是什么？
7. 简述移动通信的特点。
8. 蜂窝小区规划时应考虑哪些因素？
9. 比较基站两种放置方式的优劣。
10. 何为信道共用技术？
11. 移动通信系统的常见指标是什么？
12. 设某基站有 10 个无线信道，移动用户的忙时话务量为 0.01Erl，要求呼损率 B=0.01（查表得 10 个无线信道的话务量 A=4.461；单信道时话务量 A=0.01），采用单信道共用和多信道共用方式，那么容纳的用户数和信道利用率分别为多少？
13. 什么是多址接入？
14. 什么是 CDMA？
15. 试画出 TD-SCDMA 通信系统的结构框图。
16. 简述 CDMA 通信系统的原理。
17. 简述移动通信系统的发展历程及各阶段通信系统采用的基本技术。

第2章 电波与天线工作原理及优化

2.1 电波传播特性

当前陆地移动通信主要使用的频段为 VHF 和 UHF，即 150MHz、450MHz、900MHz/800MHz、2.4GHz。移动通信中的电波传播方式主要有直射波、反射波、地表面波等传播方式，由于地表面波的传播损耗随着频率的增高而增大，传播距离有限。电波传播方式如图 2.1 所示。

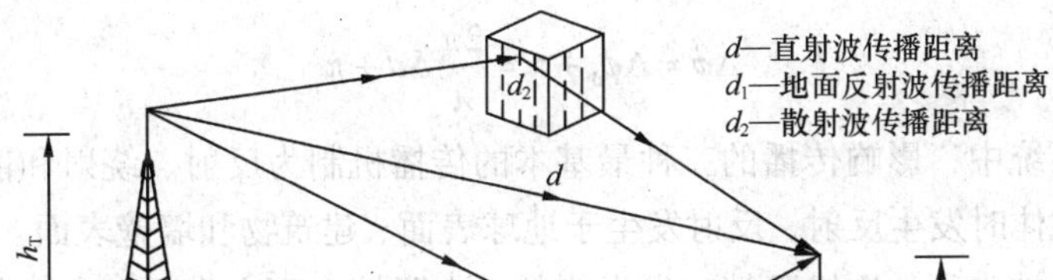

图 2.1 典型的移动信道电波传播方式

2.1.1 自由空间电波传播方式

自由空间电波传播是指天线周围为无限大真空时的电波传播，它是理想的传播环境。电波在自由空间传播时，可以认为是直射波传播，其能量既不会被障碍物所吸收，也不会产生反射或散射。虽然电波在自由空间里传播不受阻挡，不产生反射、折射、绕射、散射和吸收，但是，当电波经过一段路径传播之后，能量仍会受到衰减，这是由于辐射能量的扩散而引起的。

自由空间中电波传播损耗（亦称衰减）只与工作频率 f 和传播距离 d 有关，当 f 或 d 增大一倍时，损耗增加 6dB。

传播路径上没有障碍物阻挡，到达接收天线的地面反射信号场强也可以忽略不计，在这种情况下，电波可视作在自由空间传播。

2.1.2 反射波

电波在传输过程中，遇到两种不同介质的光滑界面时，会发生反射现象。图 2.2 所示为从发射天线到接收天线的电波由反射波和直射波组成的情况。

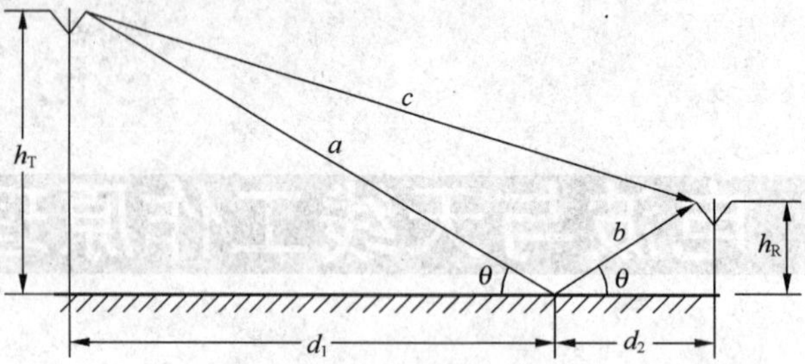

图 2.2　反射波和直射波

由于直射波和反射波的起始相位是一致的，因此两路信号到达接收天线的时间差换算成相位差 $\Delta\phi_0$ 为

$$\Delta\phi_0 = \frac{\Delta t}{T} \times 2\pi = \frac{2\pi}{\lambda}\Delta d \tag{2-1}$$

再加上地面反射时大都要发生一次反相，实际的两路电波相位差 $\Delta\phi$ 为

$$\Delta\phi = \Delta\phi_0 + \pi = \frac{2\pi}{\lambda}\Delta d + \pi \tag{2-2}$$

在移动通信系统中，影响传播的三种最基本的传播机制为反射、绕射和散射。当电波遇到比波长大得多的物体时发生反射，反射发生于地球表面、建筑物和墙壁表面。当接收机和发射机之间的无线路径被尖利的边缘阻挡时发生绕射，由阻挡表面产生的二次波散布于空间，甚至于阻挡体的背面。当发射机和接收机之间不存在视距路径，围绕阻挡体也产生波的弯曲。在高频波段，绕射和反射一样，依赖于物体的形状以及绕射点入射波的振幅、相位和极化情况。当电波穿行的介质中存在小于波长的物体并且单位体积内阻挡体的个数非常多时，发生散射。散射波产生于粗糙表面、小物体或其他不规则物体。在实际的通信系统中，树叶、街道标志和灯柱等都会发生散射。

2.1.3 阴影效应

当电波在传播路径上遇到起伏地形、建筑物、植被（高大的树林）等障碍物的阻挡时，会产生电磁场的阴影，如图 2.3 所示。移动台在运动中通过不同障碍物的阴影时，存在阴影区（盲区）。因此盲区的定义是在某些特定区域中，电波被吸收或被反射而使移动台接收不到信息。它要求在网络规划、设置基站时必须予以充分的考虑。

阴影效应使接收天线处场强中值发生变化，从而引起衰落，由于这种衰落的变化速率较慢，又称为慢衰落。慢衰落速率主要取决于传播环境，即移动台周围地形，包括山丘起伏，建筑物的分布与高度，街道走向，基站天线的位置与高度，移动台行进速度等，而与频率无关。

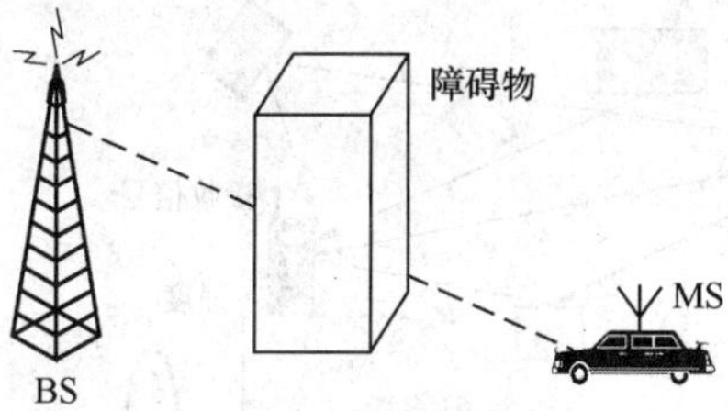

图 2.3　阴影效应示意图

慢衰落的深度，即接收信号局部中值电平变化的幅度取决于信号频率与障碍物状况。频率较高的信号比频率较低的信号更容易穿透建筑物，而频率较低的信号比频率较高的信号具有更强的绕射能力。慢衰落的特性与环境特征密切相关，可用电场实测的方法找出其统计规律。如图 2.4 所示。

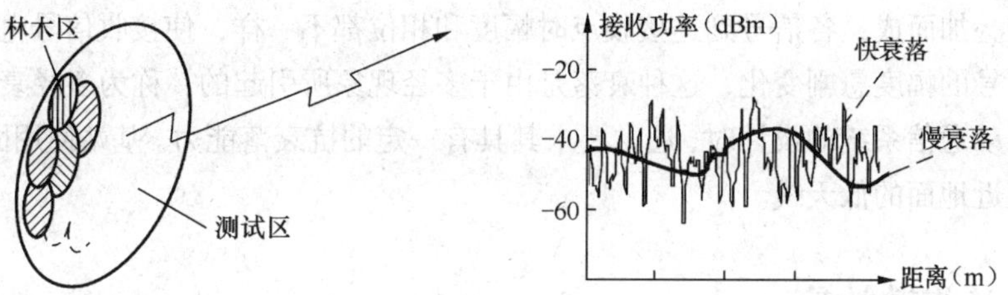

（a）测试示意图　　（b）衰落示意图

图 2.4　衰落测试

对实测数据的统计分析表明，接收信号的局部均值 r_{lm} 近似服从对数正态分布，其概率密度函数为

$$P(r_m)=\frac{1}{\sqrt{2\pi}\sigma}e^{-\frac{r_{lm}-\bar{r}_{lm}}{2\sigma^2}} \tag{2-3}$$

式中，$\bar{r}_{lm}$ 为整个测试区的平均值，即 r_{lm} 的期望值，取决于发射机功率、发射和接收天线高度以及移动台与基站的距离。σ 为标准偏差，取决于测试区的地形地物、工作频率等因素，σ 的数值如表 2.1 所示。

表 2.1　标准偏差 σ（dB）

频率（MHz）	准平坦地形		不规则地形，Δh（m）		
	市区	郊区	50	150	300
50			8	9	10
50	3.5～5.5	4～7	9	11	13
450	6	7.5	11	15	18
900	6.5	8	14	18	24

2.1.4　移动信道的多径传播特性

陆地移动信道的主要特征是多径传播。传播过程中会遇到各种建筑物、树木、植被以及起伏的地形，会引起电波的反射，如图 2.5 所示。

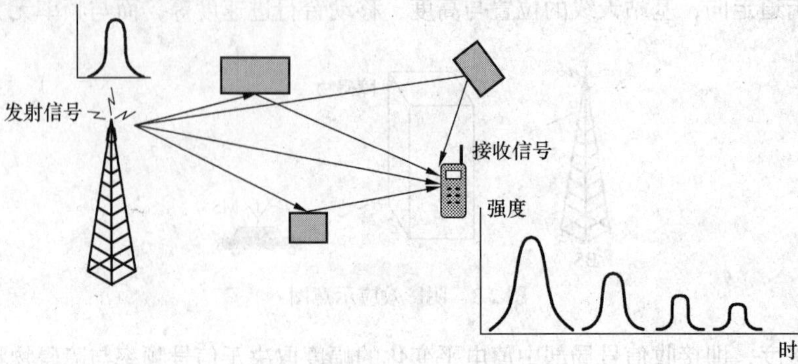

图 2.5　电磁波传播路径示意图

到达移动台天线的信号不是单一路径来的，而是许多路径来的众多反射波的合成。由于电波通过各个路径的距离不同，因而各条反射波到达时间不同，相位也就不同。或者说接收信号由直射波和反射波叠加而成，各信号到达接收点时幅度和相位都不一样，使接收信号电平起伏不定。衰落使接收信号的幅度急剧变化，这种衰落是由于多径现象所引起的，称为多径衰落。

在进行移动通信系统的设计时，通常要求其具有一定的抗衰落能力。基站使用固定的高天线，移动台使用接近地面的低天线。

2.1.5　多普勒效应

多普勒效应是指当移动台在运动中通信时，相对速度引起的频移。频移与移动速度和入射波方向有关。

可用下式表示

$$f_D = \frac{v}{\lambda}\cos\alpha = f_m \cos\alpha \qquad (2\text{-}4)$$

式中，α 是入射电波与移动台运动方向的夹角（见图 2.6），v 是运动速度，λ 是波长。式中，$f_m = \frac{\lambda}{v}$ 与入射角度无关，是 f_D 的最大值，称为最大多普勒频移。

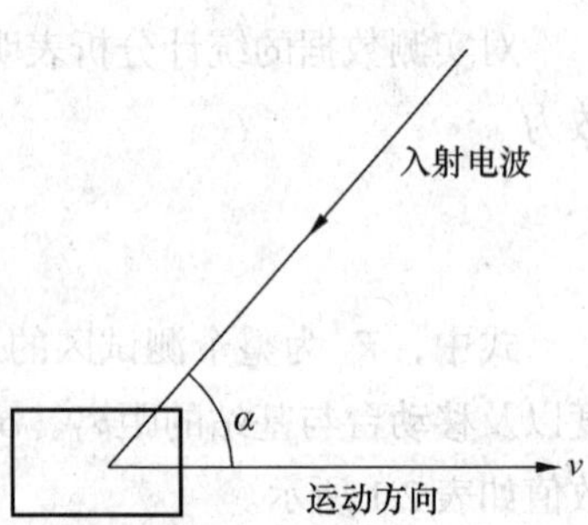

图 2.6　入射角 α

2.1.6　电波传播损耗预测模型与中值路径损耗预测

设计无线通信系统时，首要的问题是在给定条件下如何算出接收信号的场强，或接收信号中值。这些给定条件包括发射机天线高度、位置、工作频率、接收天线高度、收发信机之间距离等。这就是电波传播的路径损耗预测问题，又称为信号中值预测。这里的信号中值是长区间中值。

损耗预测模型有场强估算模型、Okumura 模型（OM 模型）、Egli 模型和 Bullingron（BM）模型。

OM 模型是以日本东京市场强中值实测结果拟和的经验曲线，将城市视为“准平滑地形”，给出城市场强中值，对于其他地形或地物情况，则给出修正值，在场强中值基础上进行修正。OM

模型适用范围：频率为 100 ~ 1 500MHz；基站天线高度为 30 ~ 200m；移动台天线高度为 1 ~ 10m；传播距离为 1 ~ 20km。

2.2　天线的基本原理

当电流通过导体的时候，就会产生磁场。当导体放置在磁场中的时候，就会产生电流。这就是天线的基本原理。

在研究天线的工作原理前，先把天线分解，从基本电振子开始，到电对称振子，最后是天线阵列，也就是我们通常使用的“天线”。

2.2.1　天线的辐射特性

导线载有交变电流时，可形成电磁波辐射，如图 2.7 所示。辐射的能力与导线的长短和形状有关，能产生显著辐射的直导线称为振子。

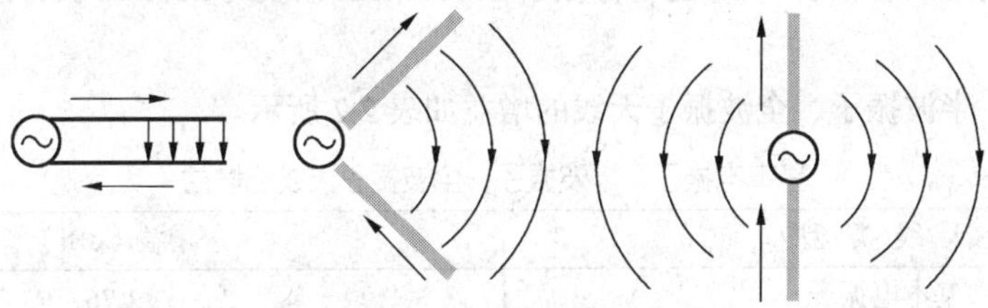

图 2.7　导线载形成电磁波辐射示意图

天线的功能就是控制辐射能量的去向，一个单一的对称振子具有“面包圈”形的方向图。对称振子阵控制辐射能量构成“扁平的面包圈”，把信号集中到所需要的地方，如图 2.8 所示。例如一个对称振子天线在接收机中有 1mW 的功率，由 4 个对称振子构成的天线阵的接收机就有 4mW 的功率，天线增益为 10lg（4mW/1mW）=6dBd。

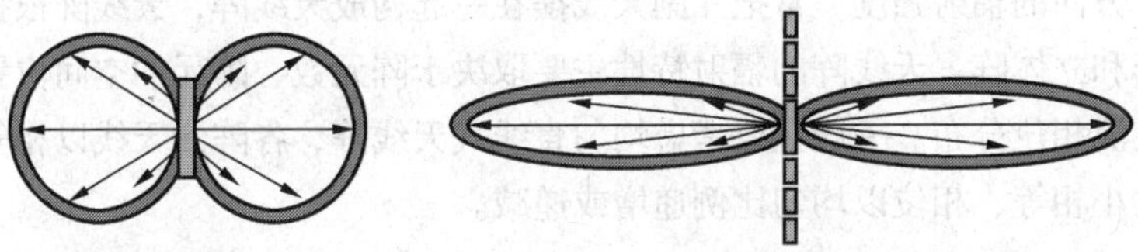

图 2.8　对称振子具有“面包圈”和“扁平的面包圈”形的方向图

利用反射板可把辐射能量控制聚焦到一个方向，反射面放在阵列的一边构成扇形覆盖天线，进一步提高了增益。例如扇形覆盖天线与单个对称振子相比的增益为 10lg（8mW/1mW）=9dBd，如图 2.9 所示。

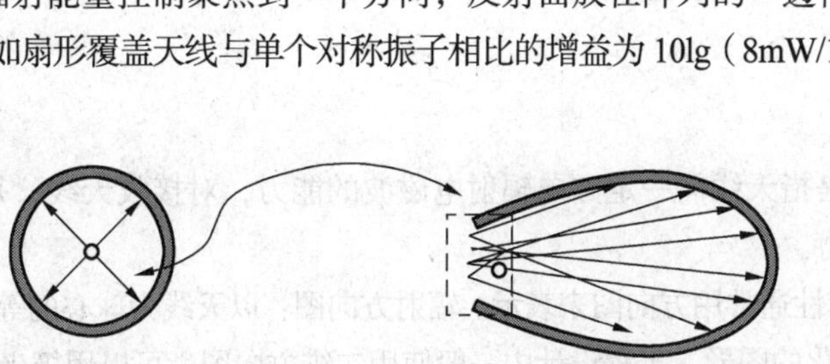

图 2.9　天线的扇形覆盖示意图

2.2.2 基本电振子

指无限小的线电流元，即其长度 L 远小于波长 λ。基本电振子的辐射是有方向性的。

2.2.3 电对称振子

最简单的天线是对称振子。它是由两段同样粗细和长度为 L 的直导线构成，在天线中间的两个端点之间馈电。其中半波振子天线长度与波长的关系可表示为 $2L=\lambda/2$；全波振子天线长度与波长的关系为 $2L=\lambda$。

对称振子：两臂长度相等的振子，每臂长度为 $\lambda/4$。

全波对称振子：全长与波长相等的振子。

折合振子：将振子折合起来。

随着长度 L 的增加，方向图变得比较尖锐，$L\geqslant\lambda/2$ 时，除了主瓣外还有副瓣。$L=\lambda$ 时，在垂直于振轴线的方向上没有辐射。$\lambda/2$ 的对称振子在 800MHz 频段约 200mm 长，在 400MHz 频段约 400mm 长。

基本电振子、半波振子、全波振子天线的增益如表 2.2 所示。

表 2.2　基本电振子、半波振子、全波振子天线的增益

天 线 类 型	增益（dBi）
基本电振子	1.76
半波振子	2.14
全波振子	3.80

2.2.4 天线阵列辐射

为加强某一方向的辐射强度，常把几副天线摆在一起构成天线阵，天线阵根据其排列可分为直线阵、平面阵和立体阵。天线阵的辐射特性主要取决于阵元数、阵元的空间位置、阵元电流振幅分布和阵元电流相位分布。一般主要考虑均匀直线式天线阵，各阵元天线以相等的间距排列成一直线，电流大小相等、相位以均匀比例递增或递减。

2.3 天线的基本特性

2.3.1 方向

对发射天线，是指天线向一定方向辐射电磁波的能力，对接收天线，是指天线对来自不同方向的电波的接收能力。

天线方向的选择性通常用方向图来表示。辐射方向图：以天线为球心的等半径球面上，相对场强随坐标变量 θ 和 φ 变化的图形。工程设计中一般使用二维方向图，可以用极坐标来表示天线在垂直方向和水平方向的方向图，如图 2.10 所示。无线网络优化中需使用三维方向图，如图 2.11 所示。

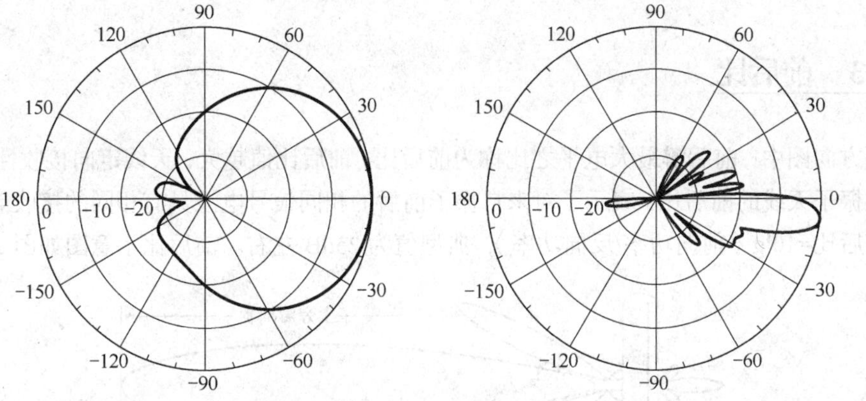

（a）水平方向图　　（b）垂直方向图

图 2.10　方向图

在图 2.10 垂直方向图中主瓣上方有旁瓣，该旁瓣越小越好，因为当天线下倾时，该旁瓣是造成对其他小区天线干扰的主要原因。

图 2.11　三维方向图

天线发射和接收的能力一般集中在半功率角内，超过半功率角的范围，天线各个方面的性能将大大降低。

在半功率角内的辐射场叫做主波束宽度，其定义为：在主波束范围内，功率下降到最大值的一半（信号衰落 3dB）时两点之间的夹角。

一般市区采用水平半功率角小（一般为 6°）的天线，以减少干扰，郊区采用水平半功率角较大（一般为 13°）的天线，以增强覆盖。市区一般用较大的垂直半功率角（13° ~ 15°），郊区一般采用较小的垂直半功率角（6° ~ 9°）。

2.3.2　波束宽度

方向图中通常都有两个瓣或多个瓣，其中最大的瓣称为主瓣，其余的瓣称为副瓣，波束宽度是主瓣两半功率点间的夹角，又称为半功率（角）波束宽度或 3dB 波束宽度。主瓣波束宽度越窄，方向性越好，抗干扰能力越强，经常考虑 3dB、10dB 波束宽度。如图 2.12 所示。

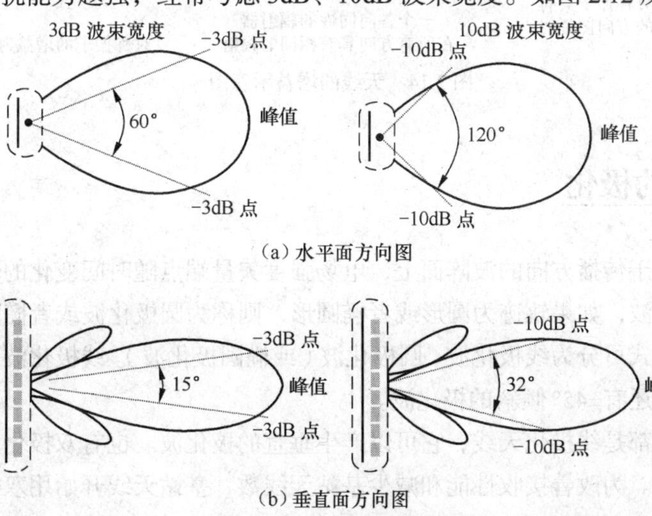

（a）水平面方向图

（b）垂直面方向图

图 2.12　波束宽度示意图

2.3.3 前后比

天线方向图中，前后瓣最大电平之比称为前后比。前后比值越大，天线定向接收性能就越好，基本半波振子天线的前后比，表示了对来自振子前后的相同信号电波具有相同的接收能力。以 dB 表示的前后比=10lg（前向功率/反向功率），典型值为 25dB 左右。前后比示意图如图 2.13 所示。

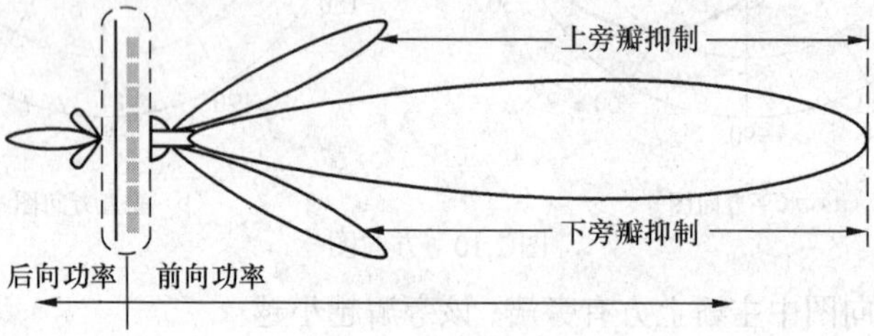

图 2.13 前后比示意图

2.3.4 增益

天线的增益是表示天线在某一特定方向上能量被集中的能力。增益的定义为在相同的输入功率下，天线在最大辐射方向上某点产生的辐射功率密度和将其用参考天线替代后在同一点产生的辐射功率密度之比值。

对于参考天线为各向同性天线，增益用 dBi 表示；对于参考天线为半波振子天线，增益用 dBd 表示。由于半波振子本身有 2.14dBi 的增益，所以 0dBd = 2.14dBi，如图 2.14 所示。

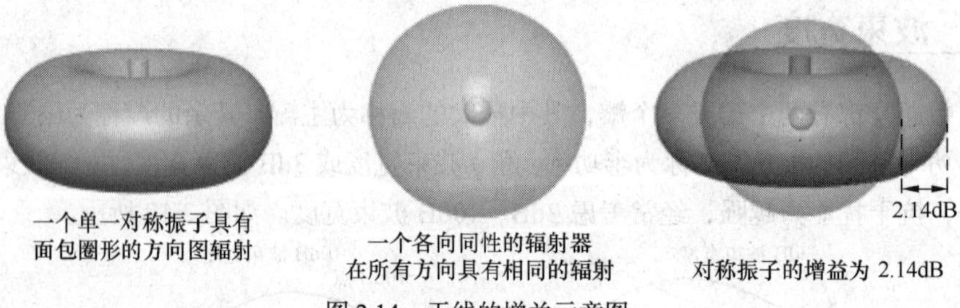

图 2.14 天线的增益示意图

2.3.5 天线的极化

极化是指在垂直于传播方向的波阵面上，电场强度矢量端点随时间变化的轨迹。如果轨迹为直线，则称为线极化波，如果轨迹为圆形或者椭圆形，则称为圆极化波或者椭圆极化波。

平面波按极化方式可分为线极化波、圆极化波（或椭圆极化波）。线极化波可分为垂直线极化波和水平线极化波；还有±45° 倾斜的极化波。

通常基站使用的都是线极化天线，它可以产生垂直的极化波。也有双极化天线，它可以产生垂直和水平的极化波。为改善接收性能和减少基站天线数，基站天线开始用双极化天线，既能收发水平极化波，又能收发垂直极化波，如图 2.15 所示。

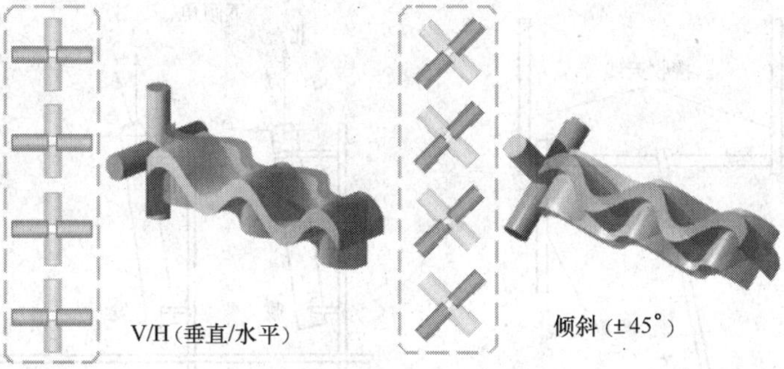

图 2.15　天线的极化示意图

2.3.6　天线的带宽

带宽通常定义为天线增益下降 3dB 时的频带宽度，或在规定的驻波比下天线的工作频带宽度。带宽是指天线处于良好工作状态下的频率范围，超过这个范围，天线的各项性能将变差。工作带宽可根据天线的方向图特性、输入阻抗或电压驻波比的要求确定。在移动通信系统中，天线的工作带宽是指当天线的输入驻波比≤1.5 时的带宽，当天线的工作波长不是最佳时天线性能要下降。

在图 2.16 中，天线的频带宽度=890−820=70MHz。

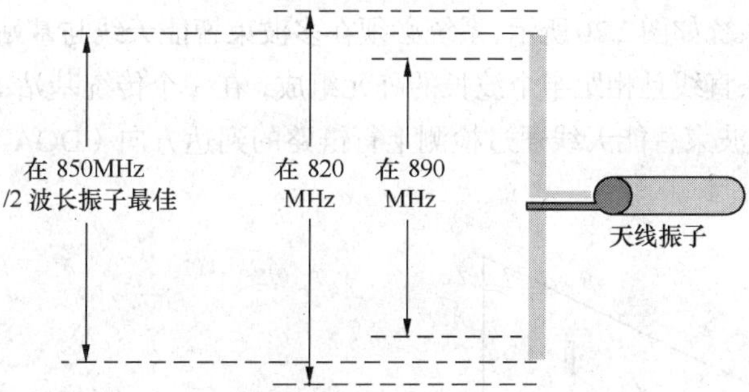

图 2.16　天线带宽示意图

2.4　基站天线的应用

2.4.1　基站天线的类型

全向天线（如图 2.17 所示）：全向天线在水平方向功率均匀地辐射，垂直方向图上，辐射能量是集中的，可获得天线增益。水平方向图的形状基本为圆形。一般由半波振子排列成的直线阵构成，并把所要求的功率和相位馈送到各个半波振子，以提高辐射方向上的功率。可以将半波振子按照直线排列，振子单元数量每增加一倍，增益增加 3dB，通常全向天线的增益值是 6 ~ 9dBd。它受限制的因素主要是物理尺寸。

定向天线 （如图 2.18 所示）：定向天线在垂直和水平方向上都具有方向性，水平和垂直辐射方向图是非均匀的，其一般是由直线天线阵加上反射板构成，也可以直接采用方向天线（八木天线），其增益在 9 ~ 20dBd 左右。高增益的天线，其方向图将会非常狭窄。

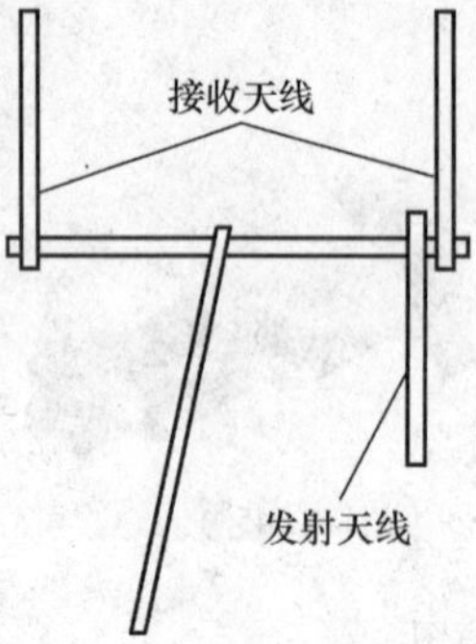

图 2.17　全向天线图例

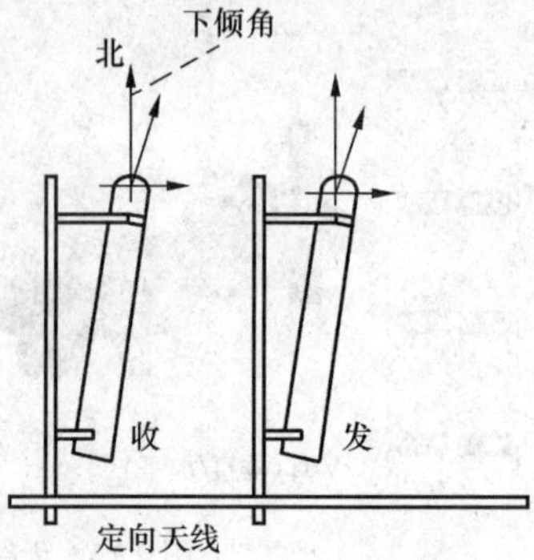

图 2.18　定向天线图例

定向天线常称为扇区天线，辐射功率或多或少集中在一个方向。使用定向天线有两个原因：覆盖扩展及频率复用。使用定向天线可降低蜂窝移动网中的干扰。

定向天线一般由 8 ~ 16 个单元的天线阵构成，如图 2.19 所示。

智能天线：智能天线最早应用于军事用途，在 20 世纪 90 年代，开始应用在 GSM 上。智能天线技术在 3G 系统中将显得非常重要。主要有多波束智能天线与自适应智能天线。

多波束天线有多个波束，波束指向固定，宽度随阵元数定，采用波束切换技术跟踪用户移动，基站自动选择不同的波束，使接收信号最强。

多波束智能天线系统如图2.20所示，系统必须在多波束智能天线与基站间添加射频交换矩阵。该天线由 4 个置于一条直线且相距半个波长的阵元组成，在一个传统基站 120° 扇区内，产生 4 个 30° 的并行窄波束，多波束智能天线通过检测上行链路的到达方向（DOA）选择对应的下行链路的最佳波束。

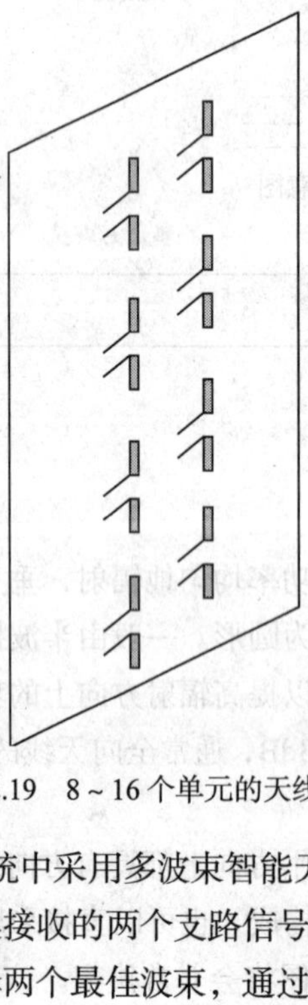

图 2.19　8 ~ 16 个单元的天线阵

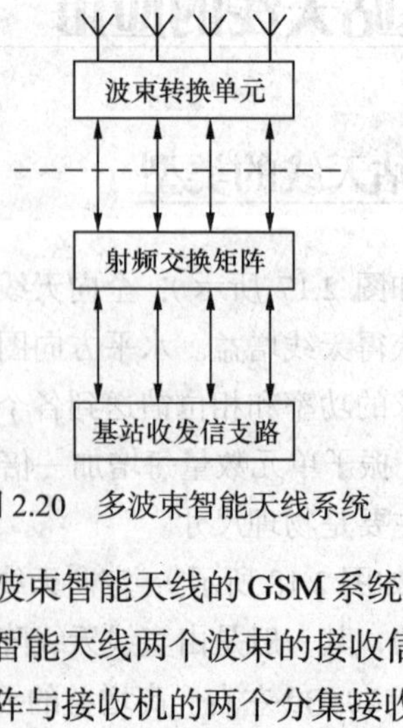

图 2.20　多波束智能天线系统

目前在GSM系统中采用多波束智能天线，使用多波束智能天线的GSM系统可实现波束分集，解决衰落问题。分集接收的两个支路信号取自多波束智能天线两个波束的接收信号，采用波束分集时，要求系统选择两个最佳波束，通过射频交换矩阵与接收机的两个分集接收端连接。

自适应天线阵列主要在 3G 中应用。

其他特殊的天线：用于特殊场合信号覆盖的天线。例如泄漏同轴电缆，泄漏同轴电缆外层窄缝允许所传送的信号能量沿整个电缆长度不断泄漏辐射，它能够起到连续不断的覆盖作用，主要用于室内覆盖和隧道的覆盖，使接收信号能从窄缝进入电缆传送到基站。使用泄漏同轴电缆时，没有增益。为了延伸覆盖范围可以使用双向放大器，通常能满足大多数应用的典型传输功率值是 20～30W，但是价格昂贵。

多天线系统：许多单独天线形成的合成辐射方向图。最简单的类型是在塔上相反方向安装两个方向性天线，通过功率分配器馈电。目的是用一个小区覆盖较大区域，比用两个小区情况所使用的信道数要少。当不能使用全向天线，或所需的增益（较大的覆盖面积）比一个全向天线系统所能提供的要大时，可用多天线系统来形成全向方向图。典型增益是单独天线增益减去功率分配器带来的 3dB 损耗。

2.4.2　典型的移动基站天线技术指标

有效辐射功率（ERP）：ERP 以理论上的点源为基准的天线辐射功率，基站天线的 ERP 表示为 $\mathrm{ERP}=P-L_C-L_f+G\mathrm{a}$。

P 是基站输出功率，L_C 是合路器损耗，L_f 是馈线损耗，Ga 是基站天线增益。

基站天线增益用 dBi 表示，为等效各向同性辐射功率 EIRP。

典型指标：增益 15dBi；极化方式为垂直极化；阻抗 50Ω；反向损耗＞18dB；前后比>30dB；可调下倾角 2°～10°；3dB（半功率）波束宽度，水平 64°，垂直 18°；10dB 波束宽度，水平 120°，垂直 30°；垂直上旁瓣抑制＜−12dB，垂直下旁瓣抑制＜−14dB。

2.5　天线分集技术

2.5.1　抗衰落技术概述

衰落是移动通信信道的基本特征。多径传播使接收信号不仅包含数量约为 10Hz～100Hz 的多普勒频移和几十分贝的深度衰落，而且有数微秒的时延差。这些影响会造成传输性能的下降和严重的码间干扰（ISI），使数字信号误码率增加。阴影效应和气象条件的变化会造成信号幅度和相位变化。这都是移动信道独有的特性，它将影响移动通信系统的接收性能。

为了提高移动通信系统的性能，采用分集、信道均衡和信道编码三种技术来改善接收信号质量。分集技术是用来补偿衰落信道损耗的，它通常要通过两个或更多的接收天线来实现。基站和移动台的接收机都可以应用分集技术。分集技术有多种，主要可分为两大类：显分集和隐分集。均衡技术可以补偿时分信道中由于多径效应而产生的码间干扰（ISI）。信道编码是通过在发送信息时加入冗余的数据位来改善通信链路的性能。

这三种技术的共同特点，都是如何适应信道的衰落，时延扩展和信道的时间特性。这些技术已成为数字信号无线传输系统中不可或缺的技术。在移动通信系统中，这些抗衰落技术在大多数情况下都是同时采用的。

2.5.2 分集技术

分集技术在移动通信系统中用于解决衰落问题。基站接收采用分集接收技术。分集技术（Diversity Techniques）就是研究如何利用多径信号来改善系统的性能。分集技术利用多条传输相同信息且具有近似相等的平均信号强度和相互独立衰落特性的信号路径，并在接收端对这些信号进行适当的合并（Combining），以便大大降低多径衰落的影响，从而改善传输的可靠性。

1．天线分集接收

分集天线间的距离 D：为了保证分集效果，分集接收天线间需要保持一定的空间间隔，通常根据参数 η、天线有效高度 h，来设计分集天线间的距离 D。$\eta=h/D$，η在 900MHz 时取 10，在 1 800MHz 时取 20。在实际工程设计中，分集天线间的距离可根据现场安装条件的实际情况来选择，一般为 3.5～4.5m。收发天线之间的水平距离 di 在隔离度为 30dB 时是 2λ，隔离度要求≥30dB 时，应使 $di\geqslant 2\lambda$，λ 为波长，在 900MHz 时，$\lambda=0.32$m，在 1 800MHz 时，$\lambda=0.16$m。

2．空间分集

空间分集（Space Diversity）要求配备两副接收天线以提供两路互不相关的同一信号，从而达到解决多径衰落的作用。在施工中，我们会把两副天线在水平位置上隔离一段距离来实现分集接收。

发射端采用一副发射天线，接收端采用多副天线。接收端天线之间的距离 d 应足够大，以保证各接收天线输出信号的衰落特性是相互独立的，如图 2.21 所示。在移动通信中，空间的间距越大，多径传播的差异就越大，接收场强的相关性就越小。为获得相同的相关系数，基站两分集天线之间垂直距离应大于水平距离。

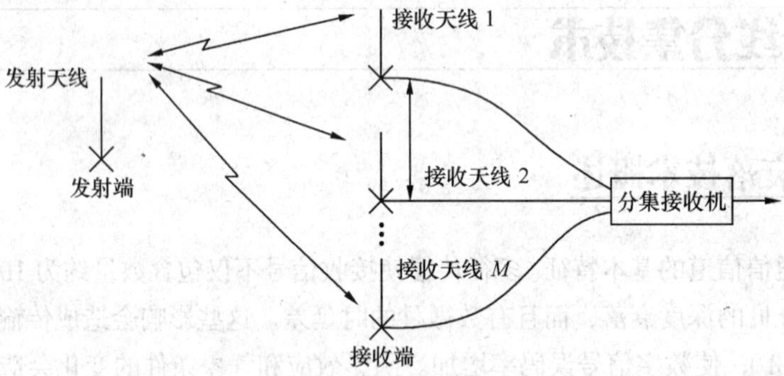

图 2.21　空间分集示意图

对于空间分集而言，分集的支路数 M 越大，分集的效果越好。但当 M 较大时（如 $M>3$），分集的复杂性增加，分集增益的增加随着 M 的增大而变得缓慢。

要达到同样的分集效果，垂直间隔距离要比水平间隔距离大 5 倍左右，所以在施工上不会采取垂直间隔。极化分集指空间分集存在着方向性，在实际通话中，手机天线很少能够和基站天线一样保持垂直，而且经过无线环境多次反射后到达基站天线的信号未必能够保持相同的方向。所以空间分集在实际使用过程中得到的分集增益总要比理论计算的要小。在这种情况下，采用极化分集会得到比较好的效果。空间分集除获得抗衰落分集增益外，还可获得 3.5dB 左右的设备增益。

2.5.3 分集信号的合并技术

接收端收到 M（$M\geq2$）个分集信号后，如何利用这些信号以减小衰落的影响，这就是合并问题。在接收端取得 M 条相互独立的支路信号以后，可以通过合并技术得到分集增益。根据在接收端使用合并技术的位置不同，可以分为检测前（Predetection）合并技术和检测后（Postdetection）合并技术，如图 2.22 所示。这两种技术都得到了广泛的应用。对于具体的合并技术来说，通常有 4 类：选择式合并（Selective Combining）、最大比合并（Maximum Ratio Combing）、等增益合并（Equal Gain Combining）和选择式合并（Switching Combining）。

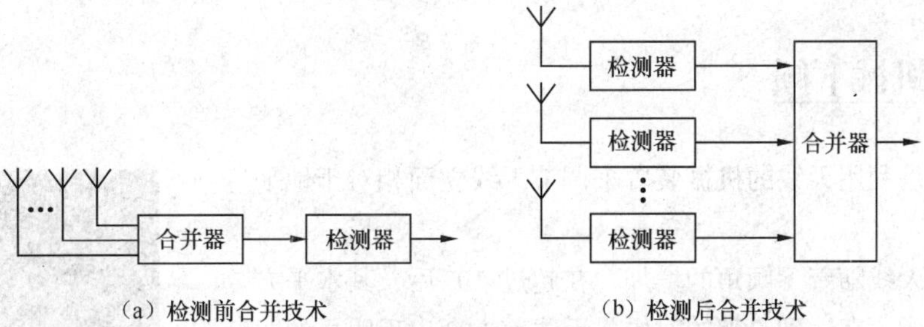

图 2.22 合并技术

选择式合并的原理如图 2.23 所示。M 个接收机的输出信号送入选择逻辑，选择逻辑从 M 个接收信号中选择具有最高基带信噪比（SNR）的基带信号作为输出。

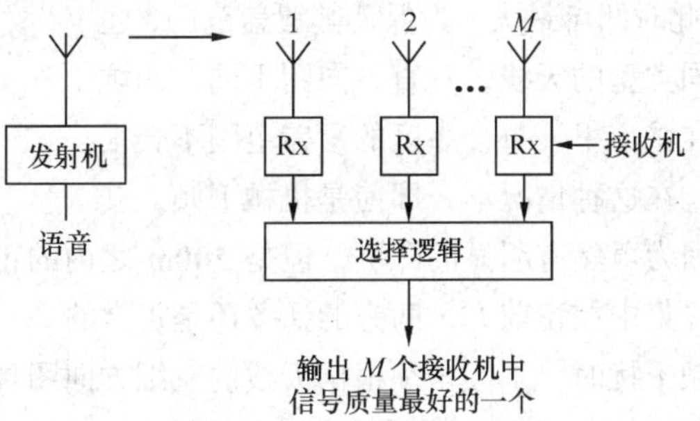

图 2.23 选择式合并的原理

2.6 天线下倾技术

天线下倾主要是改变天线的垂直方向图主瓣指向，使垂直方向图的主瓣信号指向覆盖小区，而垂直方向图的零点或副瓣对准受其干扰的同频小区。改善服务小区覆盖范围内的信号强度，提高服务小区内的 C/I 值，减少对远处同频小区的干扰，提高系统的频率复用能力，增加系统容量，改善基站附近的室内覆盖性能。

天线下倾可改善系统的抗干扰性能。是降低系统内干扰最有效的方法之一。利用调整天线垂直方向的主瓣，使其指向需要覆盖的区域，使天线的能量集中在设计区域里，既能提高该区域的信号强度，也减少对其他区域的干扰。

天线下倾的结果是覆盖区域场强的改变，通常情况下，下倾后覆盖范围将减少，话务量降低，同时对其他区域的干扰也减少。

天线下倾有两种实现方式：机械下倾和电下倾，如图 2.24 所示。

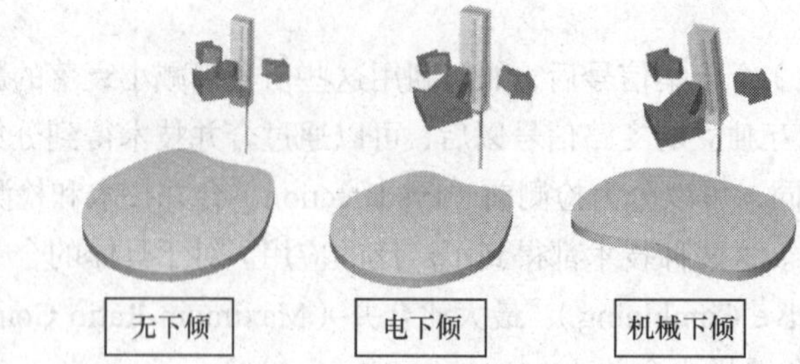

图 2.24　天线下倾示意图

2.6.1　机械下倾

机械下倾是利用天线的机械装置来调节天线立面相对于地平面的角度。

机械下倾天线随着下倾角的增加，在超过 10° 后，其水平方向图将产生变形，在达到 20° 的时候，天线前方会出现明显的凹坑，如图 2.25 所示。

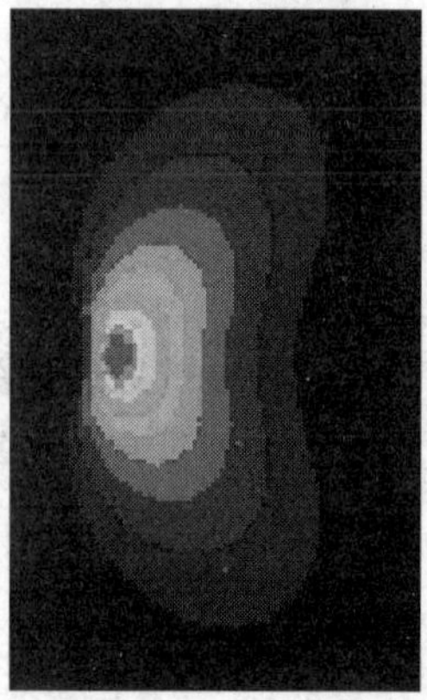

图 2.25　天线前方的凹坑

利用方向图中的凹坑可以减少同频干扰，将天线方向图中的凹坑准确地对准被干扰小区。对水平波束宽度为 60° 的天线，向下倾斜角应选 14° ~ 16°，此时凹坑最大。为保证其覆盖范围，还须调整基站发射功率，不同类型的天线，垂直方向图不同，凹坑所对应的下倾角也不同。在城市里，每个小区的覆盖范围不会很大，有的只有 500m 左右，在这种情况下，即使是机械下倾，其下倾角也可以达到 20°，因为虽然有明显的凹坑，但是 500m 之内的正前方还是可以满足通话要求，而且，话务量未必就只集中在正前方，两旁的话务还是正常的。

利用天线下倾降低同频干扰时，下倾角须根据天线的三维方向图具体计算后再选择。改善抗同频干扰能力的大小并不与下倾角成正比。要尽量减小对同频小区的干扰，又要保证满足服务区的覆盖范围。考虑实际地形、地物的影响。下倾角较大时，须考虑天线前后比和旁瓣的影响。进行场强测试和同频干扰测试，确认 *C/I* 值的改善程度。服务小区天线固定下倾 0° ~ 13° 时的载干比 *C/I* 分布图如图 2.26 所示。

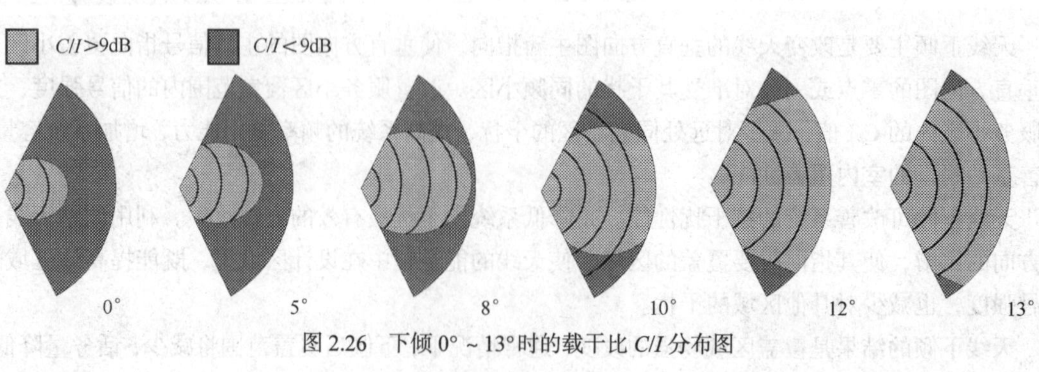

图 2.26　下倾 0° ~ 13° 时的载干比 *C/I* 分布图

2.6.2　电下倾

电下倾是通过调节天线各振子单元的相位来改变天线垂直方向的主瓣方向，此时天线仍保持与水平面垂直，如图 2.27 所示。

理论上电下倾不会改变天线的水平方向图。目前有的电下倾天线在出厂时就已经默认有 3°的下倾角。使用电下倾天线，当下倾角达到 20°的时候，将可以取得非常好的能量集中效果，但是由于受到天线自身高度的限制，很难取得太大的下倾角。

电下倾和机械下倾的波形对本图如图 2.28 所示。

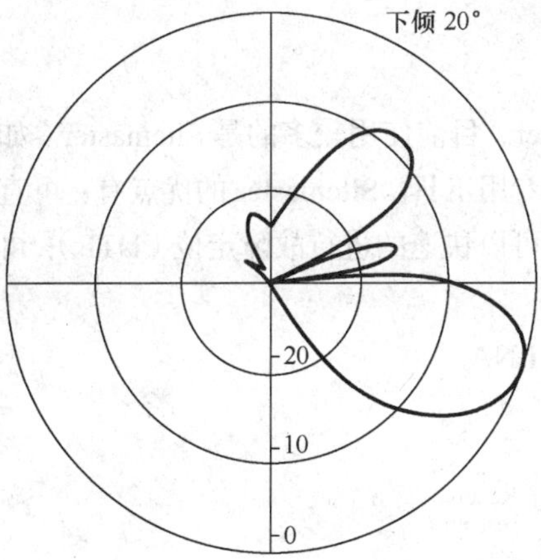

图 2.27　电下倾垂直方向图

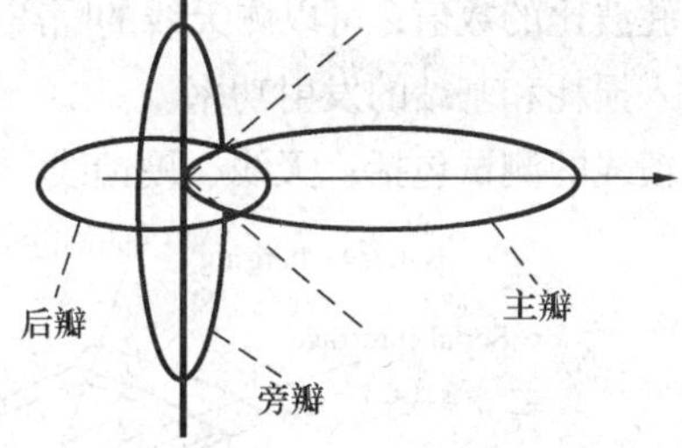

图 2.28　波形对比图

副瓣功率强度/主瓣功率强度=副瓣电平。请注意天线垂直方向主瓣上的第一旁瓣，该旁瓣越小越好，因为当天线下倾的时候，该旁瓣是造成对其他小区天线干扰的主要原因。

但是当天线增益很大的时候，也要注意在天线前方将会出现的盲区。利用赋形波束技术，设计向下倾斜或抗干扰性更好的阵列定向天线，水平方向图形状不变化，覆盖范围减小，天线辐射能量集中在服务区内，对其他小区干扰很小。

2.7　驻波比

2.7.1　驻波比的概念

驻波比（Voltage Standing Wave Ratio，VSWR）定义为馈线上的电流（电压）最大值与电流（电压）最小值之比或者天线前射和反射功率的一种比值。是用于测量天线好坏的一种参考值。

对天馈线进行测试主要是通过测量其驻波比（VSWR）或回损（Return loss）的值及隔离度（Isolation）来判断天线的安装质量。

2.7.2 驻波比告警

RBS200 基站发射天馈线的驻波比告警一般设为 1.5，RBS2000 站的驻波比一级告警为 2.2，二级告警为 1.8。

2.7.3 基站发射天线之间的隔离度

BS200 基站发射天线之间的隔离度应大于 40dB，发射与接收天线之间的隔离度应大于 20dB。RBS2000 基站发射天线之间的隔离度应大于 30dB，发射与接收天线之间的隔离度应大于 30dB。

2.7.4 驻波比的测量

对天馈线测试的仪器有频谱仪、TDR 和 Sitemaster，目前使用较多的是 Sitemaster。如图 2.29 所示，它是一种用于测量回损、驻波比和电缆损耗的专用工具。Sitemaster 的优点有：可直接测得天馈线驻波比的数值；可以测天线的隔离度和回损；可以快速的进行故障定位（DTF）；可以测缆线的插入损耗和基站的发射功率。

天馈线的测试包括：天线、硬馈线、软跳线和 ALNA。

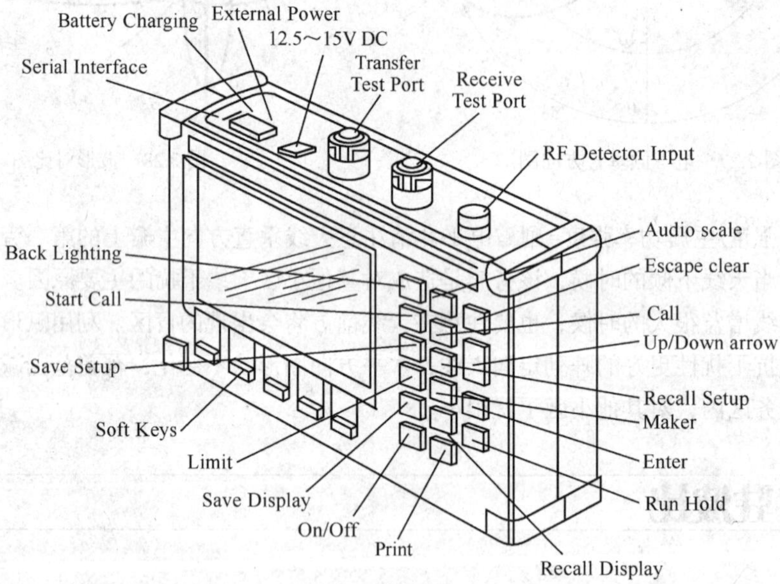

图 2.29 天馈线测试仪

2.8 天馈线安装与测量

2.8.1 天馈系统对覆盖范围的影响

天馈系统是整个基站中最经常出现故障的部分，而且对系统的性能影响较大。天线检查工作在硬件清障中工作量较大，特别是在我国南方沿海地区，由于台风的因素导致对天线系统的影响更加明显，通常的天线检查工作可归纳为以下几个部分。

天线方位角与倾角检查：检查天线方位角与倾角是否符合设计要求，它们是无线网络规划的重要参数，如果不符合设计要求，必然出现小区覆盖异常、邻区表设置错误等情况，从而产生掉话和切换失败。在早期网络建设中，同一扇区通常采用 2 副或者 3 副天线的配置，此时同一扇区的天线方向必须一致，也就是同一扇区的天线的方位角与倾角必须相同，如天线方向不一致，不仅影响分集接收的效果，而且两副天线的覆盖范围不同，BCCH 和 SDCCH 有可能从两副不同的天线发出，用户有可能收到 BCCH 后，却无法占上 SDCCH 引起掉话，也可能用户在占上 SDCCH 时，TCH 被指定为另一副天线发射，用户有可能收不到信号而掉话。值得注意的是，采用分集接收时，同一扇区两根天线之间的距离还须不小于 3m。

馈线的检查：检查每一根馈线的驻波比是否符合要求（小于 1.3）。驻波比过高，即反射功率偏高，这也会导致小区的覆盖范围缩小，甚至还会发生掉话或则切换失败，从而使得该小区无法有效地吸收话务，引起邻近小区的阻塞。

案例分析：在某市的网络优化中，我们发现小区 10065 的话务量较小，约为 2Erl 左右，而该区域相邻小区 20311 却发生了话务拥塞，进一步分析可以发现该小区正好正对该市的一个商业区，查询历史的报表，该小区的忙时话务量大约在 8Erl 左右，因此判断小区 10065 可能发生故障。通过现场测试，发现小区 10065 的 BCCH 载频所在的馈线接头漏水，导致驻波比异常，故障排除后，小区 10065 覆盖恢复正常，并且也能正常吸收话务量。

馈线与天线连接的检查：检查基站顶部出来的每一根馈线是否正确地连接到相应的扇区上。如果连接不正确，不仅直接影响小区的覆盖范围，甚至导致邻频或同频干扰与及邻区设置不正确，以至于系统性能下降。

案例分析：在某市的网络优化中，我们通过 OMC-R 发现基站 1023 的第 1 和第 3 小区在忙时掉话较多并且切换失败率高，通过多次路测发现这两个小区的覆盖不正常，经检查为馈线连接错误，第一小区 TCH 载频所在的馈线和第三小区 TCH 载频所在的馈线接反，因此导致覆盖异常。此类故障有一定的隐蔽性，通常小区配置中将会有多副天线，如果其中仅是 TCH 上的载频馈线接反，并且话务优先分配在 BCCH 所在的信道上时，话务量相对较小时故障不能表现出来，当话务量增大时，该故障会明显表现出来。

2.8.2　天馈线安装、测量连接方法

1．安装

安装方法如图 2.30 和图 2.31 所示。

2．天馈线测量的连接方法

天馈线测量的连接方法如图 2.32 所示。

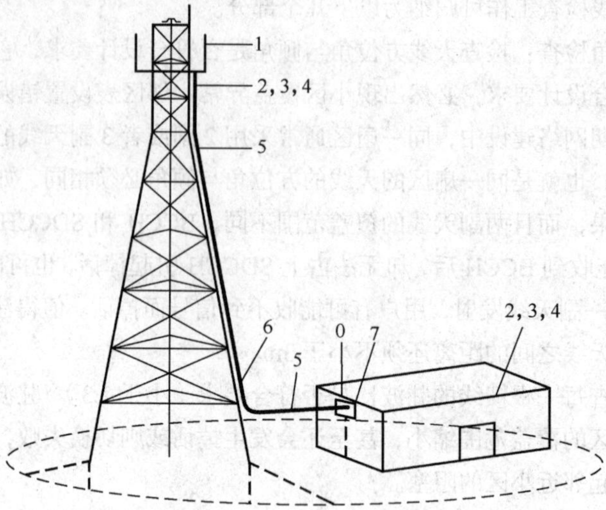

图 2.30　天馈线安装示意图

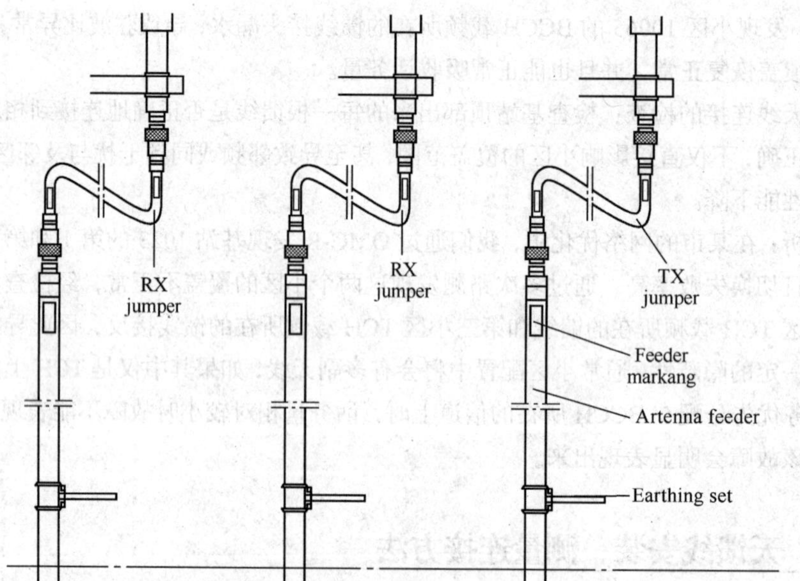

图 2.31　天馈跳线的一般排列示意图

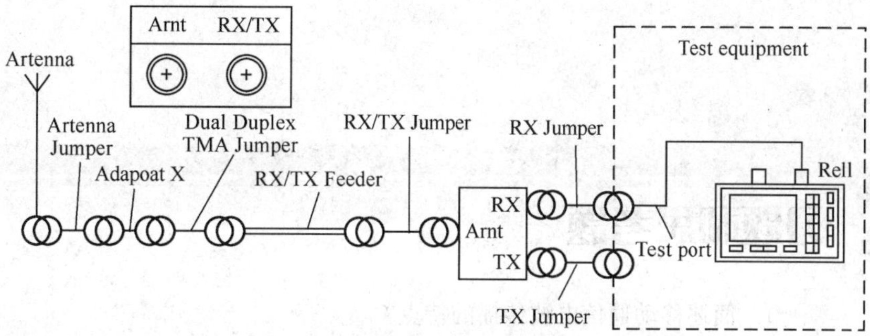

图 2.32　天馈线测量的连接示意图

2.8.3　天馈线常见的故障及形成原因

安装时不合规范造成天线的排水不畅；下雨天导致天线内的积水；对接头的处理不好，造成进水；有大型障碍物阻挡；由于人为或老化造成馈线断裂；小区间的馈线调乱；对应天馈线相关的模块出现故障。

本章小结

当前陆地移动通信主要使用的频段为 VHF 和 UHF，即 150MHz、450MHz、900MHz/800MHz、2.4GHz。移动通信中的传播方式主要有直射波、反射波、地表面波等传播方式，在移动通信系统中，影响传播的三种最基本的传播机制为反射、绕射和散射。无线电波传播的三个效应是阴影效应、多普勒效应、远近效应。

天线的方向是指天线向一定方向辐射电磁波的能力，对接收天线表示天线对来自不同方向电波的接收能力。方向图中通常都有两个瓣或多个瓣，其中最大的瓣称为主瓣，其余的瓣称为副瓣；天线的增益是表示天线在某一特定方向上能量被集中的能力。天线的极化是指在垂直于传播方向的波阵面上，电场强度矢量端点随时间变化的轨迹。如果轨迹为直线，则称为线极化波，如果轨迹为圆形或者椭圆形，则称为圆极化波或者椭圆极化波。天线的带宽通常定义为天线增益下降 3dB 时的频带宽度，天线的辐射特性基本电振子电对称振子天线阵列辐射。基站天线的类型有全向天线、定向天线、智能天线（多波束天线、多波束智能天线）。给出了典型的移动基站天线技术指标。为了提高移动通信系统的性能，采用分集、信道均衡和信道编码三种技术来改善接收信号质量。分集技术在移动通信系统中用于解决衰落问题。介绍了空间分集和分集信号的合并技术。天线下倾技术有机械下倾和电下倾。驻波比（Voltage Standing Wave Ratio，VSWR）是馈线上电流（电压）最大值与电流（电压）最小值之比或者天线前射和反射功率的一种比值。

本章介绍了天馈系统对覆盖范围的影响，天馈线安装、测量连接方法，天馈线常见的故障及形成原因。

习题和思考题

1. 简述移动通信电波传播的特点？
2. 电波传播的三种最基本的传播机制是什么？并简述它们各自的意义。
3. 移动通信中无线电波传播的三个效应是什么？
4. 什么是阴影衰落（阴影效应）？
5. 什么是多普勒频移？
6. 天线的基本特性是什么？
7. 天线极化的含义是什么？
8. 给出典型的移动基站天线技术指标。
9. 采用什么方法来改善接收信号质量？
10. 何谓分集技术？移动通信系统通常使用哪几种分集技术？
11. 什么是驻波比？

第3章 CME20系统基础

3.1 CME20系统概述

CME20系统是爱立信的GSM系统产品（包括GSM900和DCS1800标准）。用于GSM的CME20系统是在AXE10交换机基础上开发设计的，主要用来实现全双工的移动电话业务和各种数据业务。

3.1.1 CEM20系统的技术特点

CME 20系统具有以下技术特点。

（1）采用AXE-10交换系统的技术。CME 20系统实际上是AXE的一个应用系统，是通过在AXE-10交换机基础上增加和减少相应的子系统、功能块来实现的，这样做的好处是移动通信系统可共享AXE技术的成熟和进步。

（2）采用TDMA时分多址技术。可使不同的移动台分时占用同一频率来实现同时通话，目前可以做到8个用户同时使用同一频率。采用TDMA方式，基站设备中的多个信道可共用一套收发信机，有利于降低成本，增加系统配置的灵活性。

（3）采用高斯滤波最小移频键控频率调制技术（GMSK）。数字调制是用基带数字信号，改变高频载波信号的某一参数来传递数字信号的过程。使用GMSK方式的优点是避开了线性要求，使用非线性功率放大器可降低移动台的成本。

（4）语音编码方面采用了波形编码和声源编码相结合的混合编码技术，速率可低于16kbit/s。

（5）保密方面采用加密和用户身份鉴别的识别数字化处理技术，安全、保密性能好。

GSM系统与TACS系统的比较如表3.1所示。

数字蜂窝移动通信系统除了采用全数字化的信令和语音传输外，还具有以下特点。

（1）将数据库从交换机中分离，便于对用户的移动性和安全性进行管理。

（2）将终端设备与用户识别分离，采用 SIM 卡，为将来实现个人通信打下良好的基础。

（3）电话业务和非话业务并重，能够与 DDN 和 ISDN 网相兼容。

表 3.1　　GSM 系统与 TACS 系统的比较表

比较内容＼制　式	TACS 系统	GSM 系统
频段	900MHz	900MHz
频率利用率	低	高
容量	较 小	较　大
覆盖范围	制式多、互不兼容	制式统一
漫游功能	限于某一区域内	可全球漫游
保密性	有限	较强
安全性	差	好
业务种类	少，基本仅用于电话	多，可与 ISDN 兼容
配合个人通信	差	好

3.1.2　CME20 系统的构成

CME20 系统如图 3.1 所示，由以下几部分组成：交换系统（SS）、基站系统（BSS）、操作支持系统（OSS）和其他网络节点。

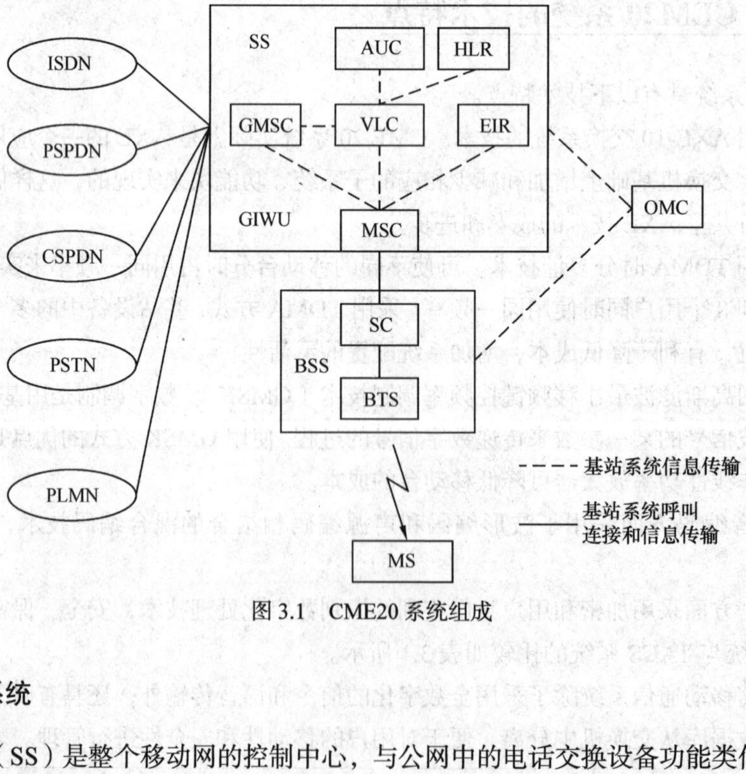

图 3.1　CME20 系统组成

1．交换系统

交换系统（SS）是整个移动网的控制中心，与公网中的电话交换设备功能类似，具有话务控制、号码分析、计费、呼叫统计等功能，另外它还具有实现数据业务的功能。交换系统包括下列功能单元：移动业务交换中心（MSC）、拜访位置寄存器（VLR）、归属位置寄存器（HLR）、鉴权中心（AUC）、设备识别寄存器（EIR）、短信息服务中心（SC）、操作维护中心（OMC）和 GSM 协调工作单元（GIWU）。主要部分功能如下。

（1）MSC 的功能。

一个 MSC 控制多个基站控制器（BSC），它控制移动用户至 PSTN、ISDN、PLMN、公用数据网的呼叫。移动汇接和网络入口功能都由 MSC 来实现。

① 呼叫处理：呼叫建立、连接与清除；切换过程；移动性管理；位置更新过程；用户身份识别。

② 操作与维护：数据库管理；测量；人机接口（MMI）。

③ 网间互通。

④ 计费。

（2）VLR（Visitor Location Register）的功能。

① 移动台状态。

② 部分补充业务数据。

③ 移动台的位置登记（LAI）。

④ 临时移动用户识别号（TMSI）管理。

⑤ 移动用户漫游号（MSRN）管理。

（3）HLR（Home Location Register）的功能。

① 用户识别号（IMSI，MSISDN）。

② 当前用户的 VLR（当前位置）。

③ 业务限制信息。

④ 用户申请的补充业务。

⑤ 补充业务信息（例如当前转移的电话号码）。

⑥ 用户状态（registered/deregistered）。

（4）AUC 的功能。

① 鉴权和加密数据。

② Ki，RAND。

③ A3，A8 算法。

（5）EIR（Equipment Identity Register）的功能。

① 存储移动设备分类表（IMEI）。

② 白名单：包含所有经注册登记的合法移动设备。

③ 黑名单：所有被禁止使用的移动设备，包含所有要跟踪的移动设备。

IMEI 查询流程为：呼叫建立；在 EIR 查询 IMEI；请求 IMEI 传送；查询结果送 MSC。

HLR 和 VLR：由于 MS 的移动性，因此要建立至 MS 的终接呼叫，需在网络中设置一些数据库，用来保存 MS 的位置信息。HLR 和 VLR 是与呼叫建立密切相关的两个数据库。

HLR 是管理部门用于管理移动用户呼叫资料的数据库。当一个人购买了移动台时，他将被登记在该网络的 HLR 中，HLR 与各营业点的终端相连。它储存两类数据：

一是用户信息，包括 MSISDN、IMSI、用户类别、Ki，补充业务等参数。二是用户的位置信息，该MS目前处于哪个MSC/VLR中，即MSC/VLR地址，如图3.2所示。

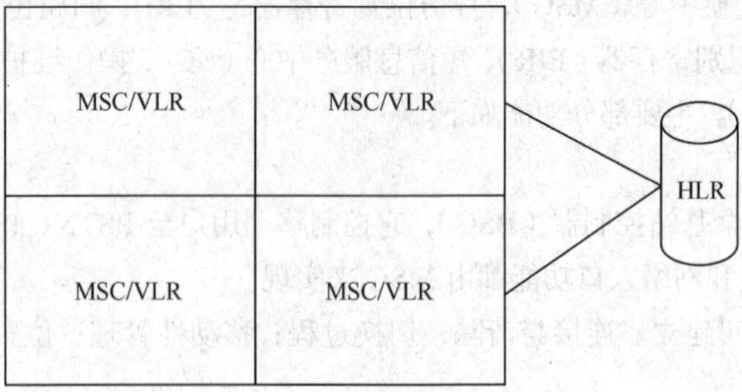

图3.2 交换系统

VLR用于存储所有进入本交换机服务区域用户的信息。VLR看成是分布的HLR，VLR与MSC配对合置于一个物理实体中。（因为每次呼叫，它们之间有大量的信令传递，若分开，信令链路负荷大，所以将MSC与VLR接口做成AXE的内部接口。）VLR中也寄存两类信息：一是本交换区用户参数，该参数是从HLR中获得的；二是本交换区MS的LAI。AUC与EIR也是数据库，但与呼叫的建立无关。AUC是向HLR提供出于安全原因而使用的鉴权参数和密钥。即三参数组。AUC是由计算机系统（PC或VAX）实现的。EIR用来检验设备的合法性，可以禁止未经批准的话机设备使用。它内存三种名单：白名单——合法设备；黑名单——非法设备；灰名单——故障设备。

GMSC称为入口移动交换局或称门道局。它从HLR查询得到被叫MS目前的位置信息，并根据此信息选择路由。GMSC可以是任意的MSC，也可以单独设置。单独设置时，不处理MS的呼叫，因此不需设VLR，不与BSC相连。

GIWU完成传真及数据通信的格式转换与速率适配。

用户的移动台包括两部分，SIM卡和ME。SIM卡寄存用户的签约信息，与HLR中的签约信息相同。没有SIM卡，MS不能接入GSM网络，但可以使用紧急业务。ME是用户终端设备为防失窃，系统配置了EIR。用户权限与用户设备是分开的，用户设备只是一台有权收发信机，用户可以买卡租机，这也是一种新的业务。

2．基站系统

基站系统（BSS）由以下两个部分组成。

（1）基站控制器（BSC）

由一个独立的AXE应用系统来实现，它控制一组基站，其任务是管理无线网络，即管理无线小区及其无线信道，并提供基站至MSC之间的接口。无线设备的操作和维护，移动台的业务过程。

（2）无线基站（RBS）

RBS用来提供移动台与系统的无线接口，主要由无线收发信机构成。

3．操作支持系统（OSS）

在GSM建议中称为OMC，用于整个CME20系统的集中操作与维护。其功能如下：

① 网络的监视和操作，例如：告警及处理。

② 无线规划，例如：增加蜂窝小区及载频。

③ 交换系统的管理，例如：软件和数据的修改。

④ 性能的管理，例如：产生统计报告。

3.1.3　CME20 系统的网络结构

1．CME20 系统的网络结构如图 3.3 所示。

（1）入口 MSC（GMSC）

提供 CME20、PLMN 网络与其他通信网间的链路。具有为呼叫查询、选接呼叫路由的功能，如图 3.4 所示。

（2）MSC/VLR 业务区

MSC 所覆盖的服务区域，凡在该区的移动台均在该区的拜访位置寄存器（VLR）登记。

（3）位置区（LA）

广播寻呼消息以便找到某移动用户的寻呼区域。

（4）小区（CELL）

一个位置区划分为若干个小区，它是网络中一个基本的无线覆盖的区域。

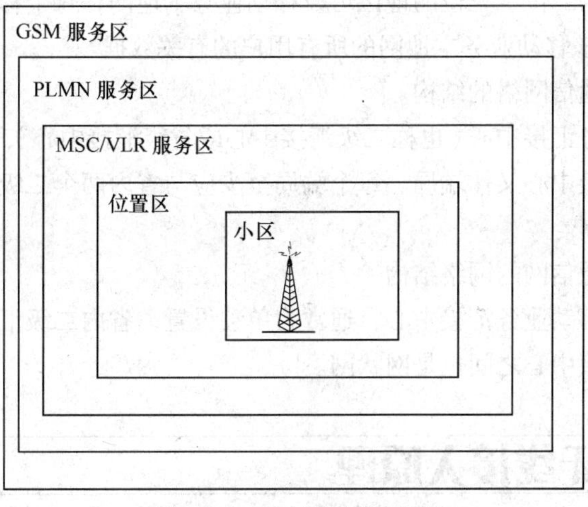

图 3.3　CME20 的网络结构

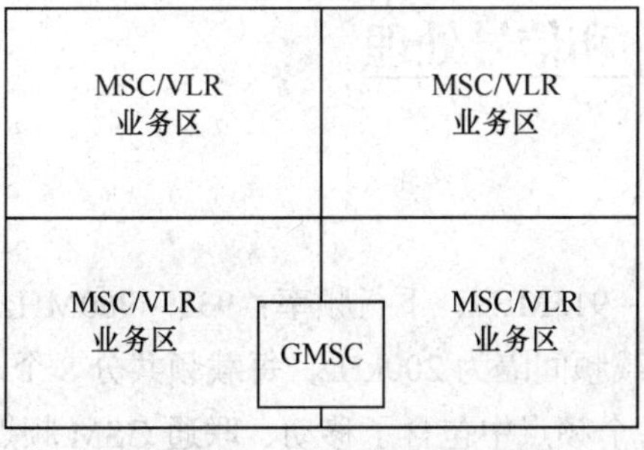

图 3.4　入口 MSC 的网络位置

MSC 作为 GSM/PLMN 的入局汇接交换机，它具有为移动终端的呼叫询问呼叫路由的功能。

它能使系统为呼叫选路至它们的最终目的地——被叫移动台。

GSM/PLMN 网络的服务区是由一个或几个 MSC/VLR 业务区构成，能够提供 GSM/PLMN 网络与其他通信网络间的链路，具有为呼叫查询、选接呼叫路由功能的 MSC 称为入口 MSC，简称 GMSC。

MSC/VLR 服务区表示由该 MSC 所覆盖的服务区域，凡在该区的移动台均在该区的拜访位置寄存器（VLR）登记。因此，MSC 总与 VLR 构成同一个节点，写作 MSC/VLR。

每个 MSC/VLR 服务区又被分成若干个位置区，位置区是 MSC/VLR 服务区的一个部分，在一个位置区内，移动台可以自由地移动，不需做位置更新。一个位置区是广播寻呼消息以便找到某移动用户的寻呼区域。一个位置区只能属于某一个 MSC/VLR。利用位置区识别码（LAI），系统能够区别不同的位置区。

一个位置区又划分为若干个小区。每个小区具有专用的识别码（CGI），它表示网络中一个基本的无线覆盖区域。利用基站识别码（BSIC），移动台能区分使用同样载频的各个小区。

2．我国数字 PLMN 的网络结构及与 PSTN 的关系

GSM 网络与 TACS 网络不同，采用了专网的形式，网号 135、136、137、138、139 实际是一个网，只是号码段不同。我国数字 PLMN 网由三级组成，本地网、省网和全国网。

（1）移动业务本地网

原则上长途编号区为二位、三位的地区可设移动业务本地网，每个移动业务本地网设立相应的 HLR，用于存储归属该移动业务本地网的所有用户的有关数据。

（2）省内数字移动通信网络的结构

设置若干个移动业务汇接中心（也称二级汇接中心或省级汇接中心），二级汇接中心可以只作汇接中心，也可既作汇接中心又作端局。每个端局至少应与省内两个二级汇接中心相连，省内二级汇接中心之间为网状网。

（3）全国数字移动通信网的网络结构

在各大区设立一级移动业务汇接中心，通常为单独设置，省内二级汇接中心应与相应的一级汇接中心相连，一级汇接中心之间也是网状网。

3.2 GSM 无线接入原理

3.2.1 无线数字传输和信号处理

1．时分多址

GSM 中，上行频率：890～915MHz；下行频率：935～960MHz。

共分为 124 对双工载频，载频间隔为 200kHz。每载频共分 8 个时隙，即为 8 个信道。总信道数为 124×8＝992 个信道。124 个频点中包含了移动、联通 GSM 频点。

在 GSM 中，无线路径上传输的是编码后的数字语音，与模拟语音不同，数字语音是不连续的信号，可采用时分的方式传送。所以，在 GSM 中，无线路径上采用时分多址（TDMA）方式。

每一个载频上有 8 个时隙，每一个时隙相当于模拟系统中的一个信道，可提供一个移动用户通话，最多可有 8 个移动用户使用同一频点，使用不同的时隙。

TACS 系统：25MHz/25kHz=1 000 个频道，频道=信道。

GSM 系统：25MHz/200kHz−1=124 个频道，124 × 8=992 信道，频道≠信道。

GSM 提供的信道数少于 TACS 提供的信道数，但为什么说 GSM 的容量比 TACS 大？这是因为频率分组方案（CLUSTER）不同：同一小区内的频点不能太近，否则邻频干扰大；另一方面，相邻小区的频率不能一样，否则同频干扰大，所以这些频率必须合理安排，目前使用的分组方案有 3 个：21/7——适用于 TACS，复用因数大，同一区域的复用次数少；12/4——适用于 GSM 的正常小区；9/3——适用于 GSM 的微小区，数字传输抗干扰能力强，所以可以缩短频率复用距离，提高频率利用率。12/4 是把所有频率分成 12 组，用于支持 12 个小区，这 12 个小区覆盖一定的区域，而其他区域将会再次使用这些频率。在一 PLMN 网络中将有很多同频小区，如图 3.5 所示。为区分这些小区而设置了一识别码（BSIC）。小区频率分组表如表 3.2 所示。

表 3.2　小区频率分组表

A1	94	82	70	58	46	34
B1	93	81	69	57	45	33
C1	92	80	68	56	44	32
D1	91	79	67	55	43	31
A2	90	78	66	54	42	30
B2	89	77	65	53	41	29
C2	88	76	64	52	40	28
D2	87	75	63	51	39	27
A3	86	74	62	50	38	26
B3	85	73	61	49	37	25
C3	84	72	60	48	36	24
D3	83	71	59	47	35	23

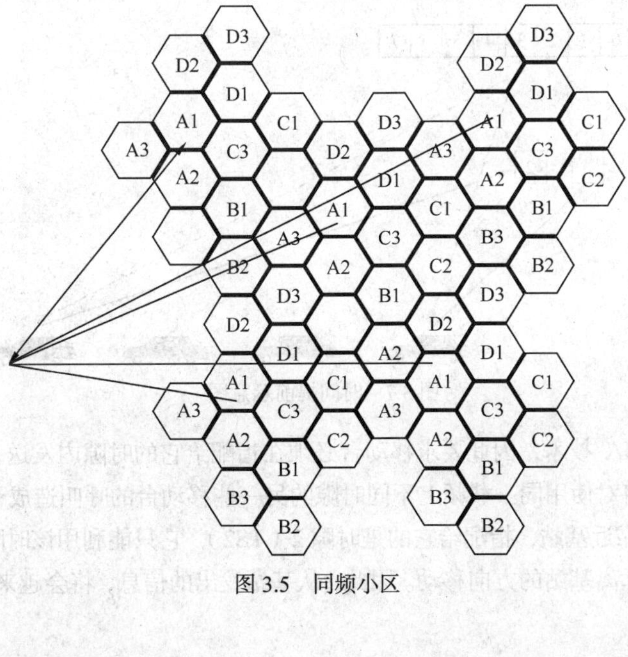

图 3.5　同频小区

2．时间色散

在接收端，由于射频信号的反射作用，接收机接收到的信号是多种多样的，其中有的反射信号来自远离接收天线的物体，比直达的信号经过的路程长很多，因而形成相邻符号间的相互干扰，这种现象称为时间色散，如图 3.6 所示。

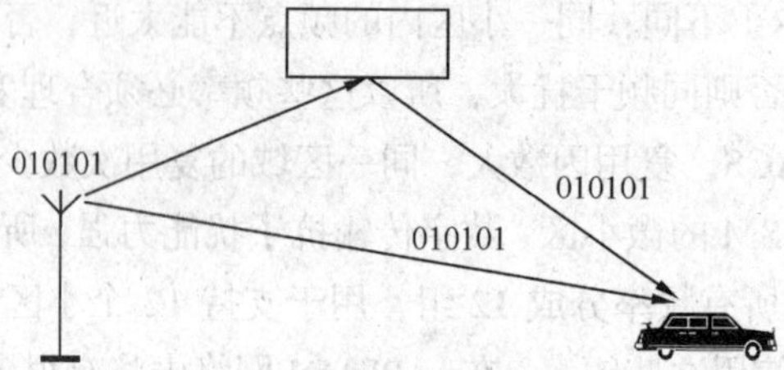

图 3.6　时间色散示意图

基站发射 101010 的数字序列，一路是直达至移动台，一路经反射至移动台，可见反射信号比直达信号经过路程长。在 GSM 系统中，比特速率为 270kbit/s，则每一比特时间为 3.7μs，也即是一比特对应 1.1km。假若反射信号经过的路程比直射信号经过的路程长 1.1km，则移动台就会在接收到的有用信号中混有比它迟到一个比特时间的一个信号，即移动台同时会收到一个为“1”的信号和一个为“0”信号，这种现象会使移动台接收时的误码率升高。

出现时间色散的典型环境为山区、丘陵地区、高层金属建筑。出现时间色散的条件为反射路径-直射路径＞1.1km，避免有害的时间色散的方法有以下几种。

① 将 BTS 尽可能建在离建筑物近的地方。

② 将 BTS 背对反射物，天线有高的前后比。

③ MS 离反射物太远。

④ MS 离 BTS 或反射物近。

3．时间提前

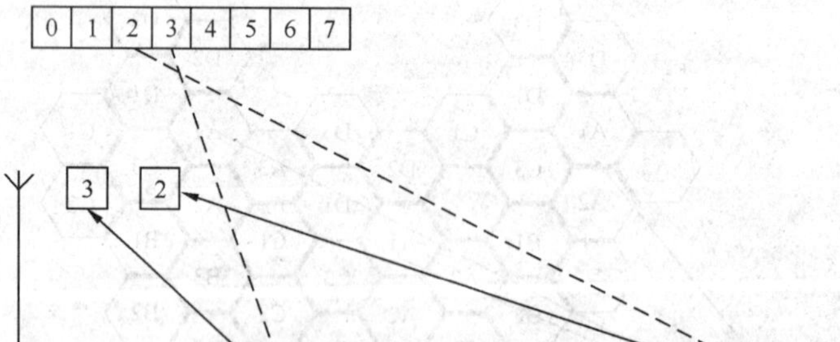

图 3.7　时间提前示意图

由于采用了 TDMA 技术，因此要求移动台必须在指配给它的时隙内发送，而在其余时间则必须保持沉默。否则它将对使用同一载频上不同时隙的另一些移动台的呼叫造成干扰，如图 3.7 所示。

某一移动台非常靠近基站，指配给它的是时隙 2（TS2），它只能利用该时隙进行呼叫，在该移动台呼叫期间，它向远离基站的方向移动。因此，从基站发出的信息，将会越来越迟地到达移动台，与此同时，移动台的应答信息也将越来越迟地到达基站。如果不采取任何措施，则该时延将会长到使该移动台在 TS2 发送的信息与基站在 TS3 接收到的信息相重叠起来，引起相邻时隙的相互干扰。所以，在呼叫期间，要监视呼叫到达基站的时间，并向移动台发出指令，使移动台能够随着它离开基站距离的增加，逐渐提前发送信号，这个移动台提前发送信号的时间称为定时提前时间（TA）。

小区参数中 TALIM=0～63，TAMAX=63，对应小区范围为 35km。因此 TA 是决定小区大小的一个参数。

4．信号编码处理

在 GSM 系统中，由于无线信道的带宽只有 200kHz，且无线信道为变参信道，传输数字信号的误码率高，因此，语音信号在无线信道上传送之前应进行处理，使语音数字信号能够适合无线信道的高误码、窄带宽的要求。

下面介绍语音编码、信道编码、交织、突发脉冲串的形成、GMSK 调制和均衡器。

（1）语音编码

有三种编码技术：波形编码、声源编码（参量编码）和混合编码。

PCM 编码方式是一种波形编码器，这类编码方式传送的是实际波形的直接信息，其编码过程是先对模拟信号进行取样，再对取样值进行量化，然后进行编码形成数字信号，即是我们较为熟知的取样、量化、编码过程。在现在的公用电话网中通常采用这种编码方式，它的质量相应较高，但需要很高的比特速率，公用电话网中每个话路的比特速率为 64kbit/s。这样高的比特速率不适于在 GSM 系统的无线信道中传输。

在公用电话网中用户电路的模拟信号经 PCM 抽样、量化、编码后形成每个话路的数字信号速率为 64kbit/s。在 GSM 系统中，无线信道也采用数字信号，但每载频的带宽只有 200kHz，如果采用传统的 PCM 编码方式，则每个移动台的数字语音比特速率为 64kbit/s，8 个用户至少为 512kbit/s，调制后的频带远远大于 200kHz，因此必须采用其他的编码方式来降低每个话路信息编码所需的比特率。CME 20 系统中采用了混合编码方式。

波形编码器具有音质好的特点，但比特速率要求高；声源编码器具有编码比特速率低的特点，但音质较差；混合编码器为波形编码器和声源编码器两者的结合，吸取两种编码器的优点，使语音编码后的比特速率能够满足 GSM 系统中无线信道的传输要求，而又能保证一定的语音质量，但语音质量比公用电话的 PCM 编码方式差。

GSM 中语音编码采用混合编码器，其编码过程如下。

第一阶段：语音分段。64kbit/s 的语音分成 20ms 一段进行编码。

第二阶段：编码。每 20ms 语音编成 260bit 的数字码。即比特速率为 260/20=13kbit/s

其编码过程为：先对 64kbit/s 的数字语音进行分段，每段 20ms，然后再进行混合编码，每 20ms 的语音编成 260 个比特，即比特速率为 260bit/20ms=13kbit/s，这样每路语音的比特速率从 64kbit/s 降至 13kbit/s，如图 3.8 所示。

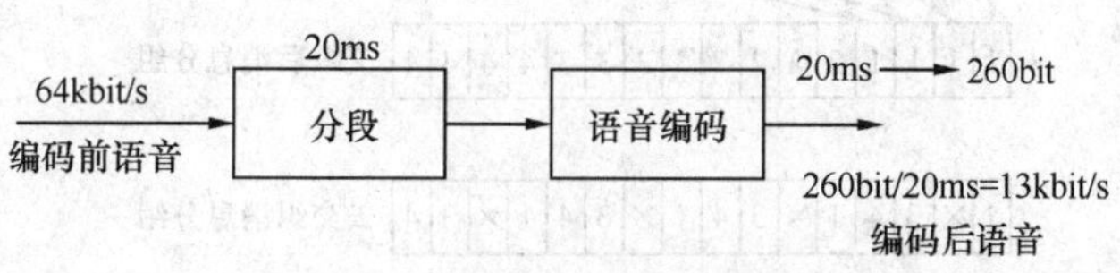

图 3.8　GSM 中语音混合编码过程

（2）信道编码

信道编码的作用是克服无线信道中传输过程的误码。

由于 GSM 系统中的无线信道为变参信道，传输时误码较为严重，采用信道编码能够检出和校正接收比特流中的差错，克服无线信道的高误码缺点。信道编码的纠错和检错原理可以从下面简单的例子看出。

发	添加比特	接收比特	
0	000	0001 或 1110	纠一位错
1	111	0011 或 1100	检两位错

假定要发送的信息是一个“0”或是一个“1”。为了提高保护能力，以这样简单的方式添加 3 个比特，对于每一个比特（0 或 1），只有一个有效的编码组（0000 或 1111）。如果收到的不是 0000 或 1111，就说明传输期间出现了差错，差错的情况有三种，错一个比特、错二个比特和错三或四个比特。由上例子可见，错一个比特可以纠正；错二个比特时不能够纠正，但能够检出；错三或四个比特才发生误码。所以，这个简单的编码方式能够纠正一个差错和检出二个差错。由此例可见信道编码可以纠错和检错。

在 CME 20 系统中，信道编码采用了卷积编码和分组编码两种编码方式。卷积编码具有纠错的功能，分组编码具有检错的功能。同时由于编码时要添加比特，而使语音信号的比特速率升高，所以不能对全部的语音比特进行编码，而是只对部分重要的比特进行编码。

在 GSM 中，把话音编码产生的 260 比特分成 50 个最重要比特，132 个重要比特，78 个不重要比特，对 50 个比特先添加 3 个奇偶检验比特（分组编码），再与 132 比特和 4 个尾比特一起卷积编码，比率为 1:2，形成 378 个比特。另外 78 个不重要比特不予保护，如图 3.9 所示。

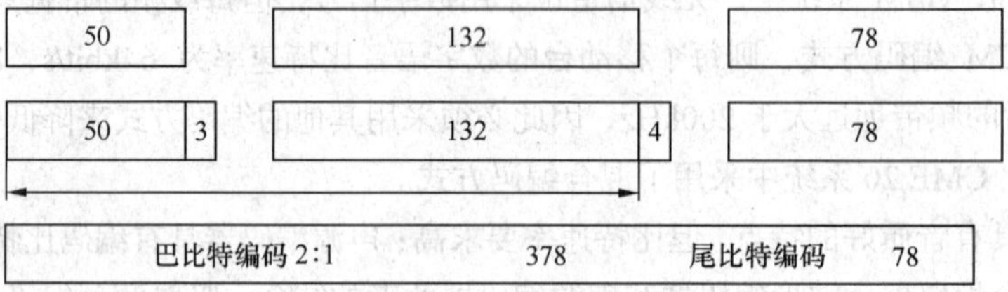

图 3.9　GSM 中编码方式

（3）交织与去交织

在实际应用中，比特差错经常成串发生。这是由于持续时间较长的衰落谷点会影响到几个连续的比特。而信道编码仅在检测和纠正单个差错和不太长的差错串时才是最有效的。采用交织技术，即是将码流以非连续的方式发送出去，使成串的比特差错能够被间隔开来，再由信道编码进行纠错和检错。其过程如图 3.10 所示。

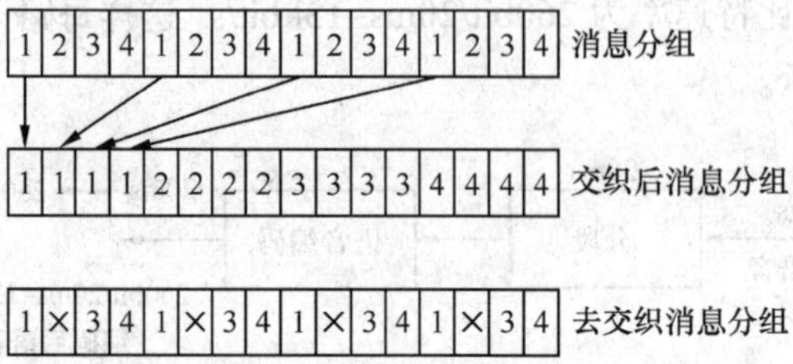

图 3.10　交织与去交织过程

在 GSM 系统中，由于采用了 TDMA 技术，所以移动台接收到的信号不是连续的，而是每帧接收到一串数据，信息量为 2 557bit，所以信道编码后的 20ms 的语音要分成 8 557bit，即分成 8 组，要 4 个帧才能送完。为克服比特差错经常成串发生，而信道编码只在检测和纠正不太长的差错串时才最有效，利用交织可把一条消息中相继比特隔开，将它们以非相继的方式发送，从而使成串的差错化为较短的差错串。

一次交织在 20ms 语音内进行。

二次交织在相邻的两个 20ms 语音间进行。

在 GSM 系统中，信道编码器为每一段 20ms 的语音提供 456 个比特信息，根据上述的交织原理，把 456 个比特分成 8 组，每组 57 个比特，在 4 个 TDMA 帧发送。发送时按非连续的方式发码，即对它们作交织处理，其发码规律如图 3.11 所示，这个比特的处理过程称为第一次交织。第一次交织是在 20ms 的语音中进行的。

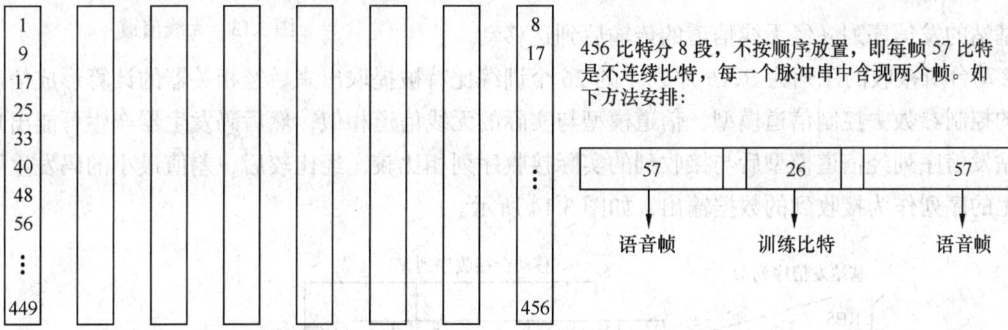

图 3.11　第一次交织示意图

设某个用户进行通话，每 20ms 产生一个 456bit 的语音帧，假设现有 A、B、C、D 4 帧，每帧第一次交织后形成 8 组，每组 57 个比特，如果每帧的 2 557 个比特是取自同一语音帧并插入同一突发脉串，那么该突发脉冲串如果丧失将会导致总共丧失 25%的比特，而信道编码难以对付丢失这么多的比特，所以必须在两个语音帧间再来一次交织。

第二次交织是在两个 20ms 的语音之间进行的，其原理如图 3.12 所示，第二次交织后，每串突发脉冲串发送相邻两个 20ms 各 57 个比特的信息，每 20ms 的语音要分成 8 个 TDMA 帧才能送完。

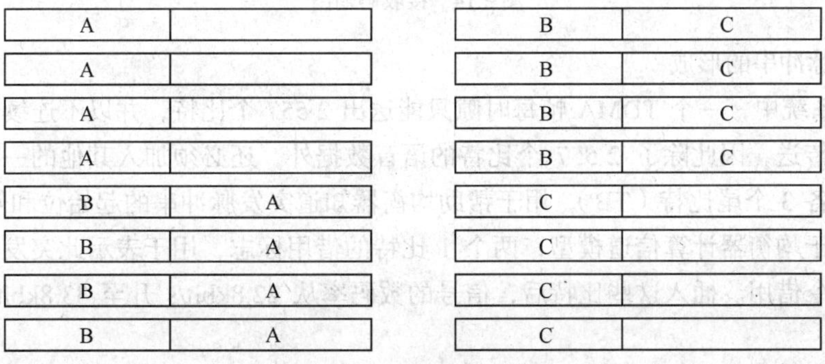

图 3.12　第二次交织示意图

二次交织将增加系统的时延，但却能经得住丧失整个突发脉串的打击。因为丧失一个脉冲串只影响每个语音帧比特数的 12.5%，而这是能通过信道编码加以纠正的。

（4）调制

采用高斯滤波最小频移键控（GMSK），比普通的 MSK 更窄的带宽，但代价是减小了对噪声的抵抗能力。

（5）均衡器

用于消除时间色散，当出现反射信号时，移动台收到的可能是直射信号和反射信号，按一比特 1.1km 计算，两种信号的路径差距是 1.1km 时，移动台收到的可能是两个比特，如 0 和 1，这时移动台无法取舍。

假设基站的发信序列为 $A(t)$，无线信道的规律为 $G(t)$，移动台的接收到的序列为 $B(t)$。如果我们知道了无线信道的规律 $G(t)$，并且知道移动台的接收序列 $B(t)$，那么可以计算出基站的发信序列 $A(t)$，如图 3.13 所示。

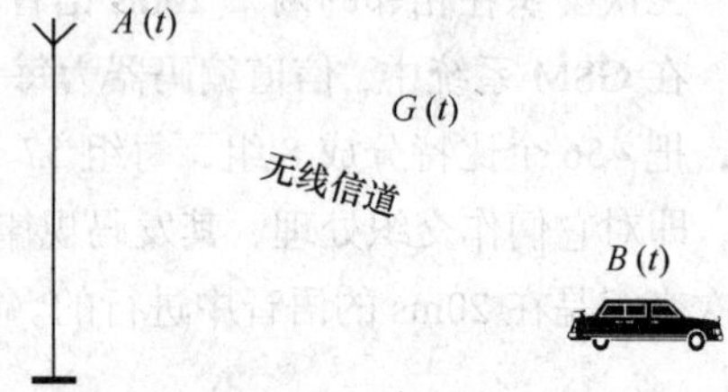

图 3.13　无线信道

基站的发信序列 A 经无线信道的传输后到达移动台，移动台所接收的序列为 B，B 序列中的 26 个训练比特被提取出来后经相关器的计算形成信道模型的控制参数去控制信道模型，信道模型与实际的无线信道相似，然后码发生器产生可能出现的基站发信序列经信道模型后与接收到的实际接收序列相比较，经比较后，差值最小的码发生器所产生的序列作为接收到的数据输出，如图 3.14 所示。

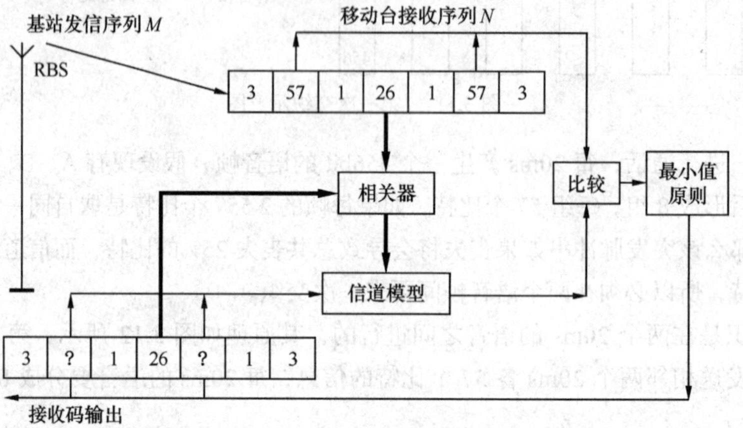

图 3.14　接收码输出

（6）突发脉冲串的形成

在 GSM 系统中，一个 TDMA 帧每时隙只能送出 2 557 个比特，并以不连续的脉冲串形式在无线信道上传送，因此除了 2 557 个比特的语音数据外，还必须加入其他的一些比特，这些比特包括前后各 3 个尾比特（TB），用于帮助均衡器知道突发脉冲串的起始位和停止位；26 个训练比特，用于均衡器计算信道模型；两个 1 比特的借用标志，用于表示此突发脉冲序列是否被 FACCH 信令借用。插入这些比特后，信号的数码率从 22.8kbit/s 升至 33.8kbit/s，如图 3.15 所示。

3	57	1	26	1	57	1

图 3.15　突发脉冲串的形成

（7）移动台框图（如图 3.16 所示）

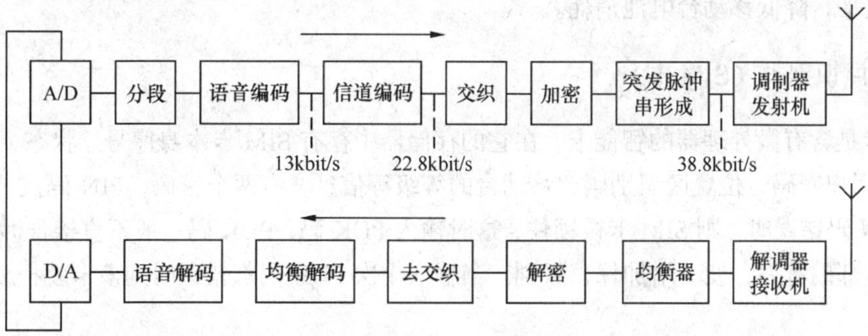

图 3.16　移动台框图

由图 3.16 可见，语音先要经 A/D 变换进行数字化处理，分成 20ms 的音段。此后是语音编码，以降低比特率，信道编码以控制差错。经交织处理和加密，然后，这些比特形成 8 个 1/2 突发脉冲串（对应每 20ms 的语音）。最后，将它们填充到适当的时隙内，以约 270kbit/s 的速率发送。每比特 3.7μs，相对于 1.1km 的空中距离。

接收机的工作流程是接收突发脉冲串，在均衡器中计算评估比特序列的同时，建立起信道模型。在全部 8 个 1/2 突发脉冲串接收齐和解密之后，它们被重新装配成 456 个比特的消息。该消息序列被解码，以便检测和纠正传输期间的差错。解码器使用来自均衡器的、能改善差错纠正功能的软信息，即比特正确的概率。最后对该比特流进行语音解码，把它转换成模拟语音。

5．天线（空间）分集接收

GSM 中实现分集的方法是使用两个接收天线，它们受到的衰落影响是不相关的。它们在某一时刻经受深衰落影响的可能性很小。利用两副接收天线来接收信号，它们独立地接收同一信号，并因此受到衰落包络的不同影响，当合成来自两副天线的信号时，衰落的程度能被减小。在 900MHz 频段，天线间距 5 ~ 6m，可得到 6dB 左右的增益。在 1 800MHz 频段，由于波长较短，所以天线间距可以缩短。

6．跳频

瑞利衰落的衰落图形与频率相关，即衰落谷点将因频率不同而发生在不同的地点。这样如果在呼叫期间，让载波频率在几个频率点上变化，并假定只在一个频率上有一衰落谷点，那么仅会损失呼叫的一小部分，而采用复杂的信号处理过程能重新恢复全部信息内容。这种方法称为跳频。

在呼叫期间，载波频率在几个频率上变化，以克服瑞利衰落。因瑞利衰落谷点只是对某一个频点有效，对另一个频点无效。

另外，跳频与不连续发射可以降低干扰，但当大负荷时，所有的发信机都同时打开，碰撞的机会很大，跳频的作用体现不出来。若按照 4/12 分组方案，邻频碰撞也无妨，但若采用多频复用技术，邻频的距离小于 12，彼此干扰变大，若采用跳频技术，且负荷不大时，可以减小碰撞机会。

7．语音信号的间断传输方式（DTX）

该方式仅在有语音帧需发送时，才使发射机工作的一种工作模式。发话时语音和背景噪声一起发送，将发端背景噪声的参数传给收端，收端利用这些参数合成与发端相似的噪声。不发话时仅发背景噪声以满足听觉需要。发送侧需要有语音活动检测器以检测是否有语音。DTX 可以减少空中干扰电平，降低移动台电池消耗。

8．用户识别卡（SIM 卡）

SIM 卡是含有微处理器的智能卡。在它的存储器中存有 SIM 卡本身序号、状态、鉴权键、密钥、IMSI 用户密码、位置区识别码、移动台的等级等信息，有两个密码，PIN 码及 PUK 码。输入三次 PIN 码错误时，则 SIM 卡被锁住，这时输入 PUK 码，PUK 码一般不直接告诉用户，而是由当地发卡部门掌握，便于增加保密级别。当输入十次 PUK 码都错误时则该卡就报废了。

3.2.2 无线数字信道

无线数字信道如图 3.17 所示。物理信道是指一个载频上一个 TDMA 帧的一个时隙，它相当于 FDMA 系统中的一个频道。用户通过某一个载频上的一个信道接入通信系统。用户在该信道上，即该时隙上发出的信息比特流被称为突发脉冲序列。物理信道有 992 条。

逻辑信道是从信息内容的性质角度划分的。把信道上传递的内容分成业务信息（语音、数据等）和控制信息（控制呼叫进程的信令）两大类。定义与之对应的逻辑信道称为业务信道和控制信道。逻辑信道有 12 条。

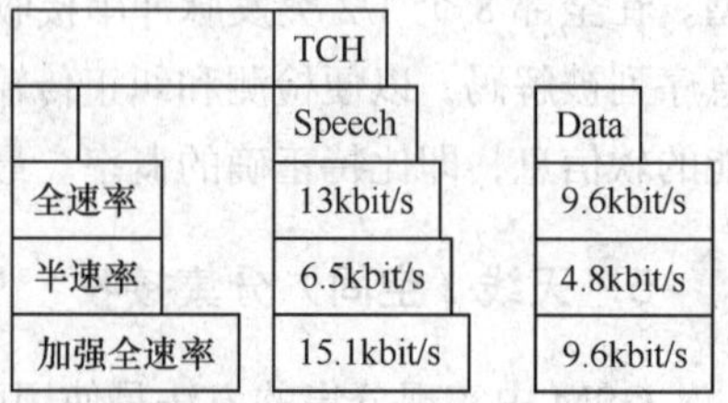

图 3.17 无线数字信道

业务信道（TCH）——用于传送编码后的语音或数据信息。

控制信道（CCH）——用于传递控制信息，如控制呼叫进程的信令。

1．控制信道

控制信道（CCH）分为：广播信道（BCH）、公共控制信道（CCCH）和专用控制信道（DCCH）。

广播信道包括 FCCH、SCH、BCCH 3 种信道。

其特点为下行信道，且是点对多点的方式，用于向移动台传递小区的各项广播信息，使移动台与基站取得同步。频率校正信道向移动台传递频率校正信号，使移动台能调到相应的频率上。

同步信道用于向移动台传送帧同步号，即 TDMA 帧号，同时也传送基站识别码 BSIC。

广播控制信道用于向移动台传送所有小区的通用消息。如 LAI、小区内允许最大输出功率、相邻小区的 BCCH 载频等。

公共控制信道包括 PCH、RACH、AGCH 3 种信道。

该类信道主要用于寻呼被叫，以及完成移动台所需专用控制信道的申请和分配。所以移动通信的实现不仅要有传递语音的业务信道，还要相应的控制信道配合才行。寻呼信道用于在小区内寻呼移动台，是下行信道。PCH 含有被叫移动台的号码信息，故只有相应的移动台才会响应。允许接入信道是一个点对点的下行信道。当移动台经 RACH 申请到专用信道后，系统经 AGCH 将分配给该移动台的专用信道通知移动台。所以 AGCH/RACH 成对使用。

专用控制信道由 SDCCH、SACCH、FACCH 3 种信道组成，用于向特定的呼叫提供专门的信道来传递其专用信令信息，是点对点的双向信道。

独立专用控制信道是一个点对点的双向信道，主要用于在移动台呼叫建立之前，即在使用 TCH 之前，传送系统信息，如登记和鉴权在此信道上进行。慢速随路控制信道，它与一个业务信道或一个独立专用控制信道相关，用于传送有关连接信息的点对点的双向连接数据信道。如传送服务小区及相邻小区的信号强度、移动台功率等级和 TA 值等信息。快速随路控制信道与一个 TCH 相关，用于传送速度（实时）要求高的信令信息，它工作于借用模式，每当需要传送该类信息时，例如需要完成一次切换，则需借用 TCH，即当前的一个 20ms 的语音信息位置被借用来传送这些信息。由于译码器会重复最后 20ms 的语音，故这种中断不会让用户感觉到。

2．逻辑信道映射

用于呼叫处理的各种逻辑信道和信令，实际上是由物理信道（以突发脉冲序列的形式）来传递的。因此有必要讨论各种逻辑信道与物理信道的关系。

SDCCH/8——把控制信道映射到 BCCH 载波的 TS0 和 TS1 上。

SDCCH/4——把控制信道全部压缩到 BCCH 载波的 TS0 上。

（1）业务复帧结构

TTTTTTTTTTTTATTTTTTTTTTTTI（共 26 帧，约为 120ms）

（2）控制信道映射

① SDCCH/8 映射（BCCHTYPE=NCOMB）

● TS0 下行链路的映射

FSBBBBCCCCFSCCCCCCCCFSCCCCCCCCFSCCCCCCCC FSCCCCCCCCI

共 51 帧

● TS0 上行链路的映射

RRRRRRRRRRRRRRRRRRRRRRRRRRRRRRRRRRRRRRRRRRRRRRRRRRR

● TS1 上行和下行链路的映射（102 复帧结构）

DDDD DDDD DDDD DDDD DDDD DDDD DDDD DDDDAAAA AAAA AAAA AAAA III
DDDD DDDD DDDD DDDDDDDD DDDD DDDD DDDD AAAA AAAA AAAA AAAA III

在 51 复帧中共有 8 个 DDDD 组，如果支持短信息功能时，要借用一个 DDDD 组用于 CBCH，此时为 SDCCH/7。

② SDCCH/4（BCCHTYPE=COMB）

● TS0 下行链路的映射

FSBBBBCCCCFSCCCCCCCCFSDDDDDDDDFSDDDD DDDDFSAAAAAAAAI

即在 51 复帧中合并了 CCCC 组与 DDDD 组，所以称 COMB。

如果支持短信息业务，则 CBCH 要借用一个 DDDD 组，此时的 BCCHTYPE=COMBC。

● TS0 上行链路的映射

DDDDRRAAAAAAAARRRRRRRRRRRRRRRRRRRRRRRRDDDDDDDDRRDDDD

SDCCH/8：假设一个 BTS 有 n 个双工载波，每个载波可有 8 个时隙（TS）。载波定义为 C0 C1 C2……Cn。

对于下行链路，C0 上的 TS0 和 TS1 只用于映射控制信道，其余所有时隙用映射 TCH，因此，C0 也被称为 BCCH 载波。其余的载波上的所有时隙全部用于映射 TCH。在 C0 载波上，BCCH 和 CCCH 映射在时隙 TS0 上；SDCCH 和 SACCH 映射在时隙 TS1 上；其余的时隙映射 TCH。TS0

上的映射序列是一遍遍重复，即在出现一个空闲帧之后又从新开始映射，其复帧的重复长度为 51 个 TDMA 帧。TS1 上映射序列也是不断重复的，其重复长度从时间上讲是 102 个 TDMA 帧，即复帧的帧为 102 帧。

对于上行链路，载波 C0 上的 TS0 和 TS1 跟下行链路一样也只用于映射控制信道，TS0 上全部用于映射 RACH；TS1 上的映射方案与下行链路的映射方案相同。

TCH 的映射方案包括映射 SACCH 和空闲帧 I，其复帧周期为 26 个 TDMA 帧。

图中的 F 为频率校正信道 FCCH；S 为同步信道 SCH；B 为广播控制信道 BCCH；I 为空闲帧，不包括任何信息；T 为业务信道 TCH；D 为独立专用控制信道 SDCCH；A 为慢速随路控制信道 SACCH；R 为随机接入信道 RACH。

SDCCH/4 的映射关系如下：假设一个 BTS 有 *n* 个双工载波，每个载波可有 8 个时隙 TS。载波定义为 C0 C1 C2……C*n*。对于下行链路，C0 上的 TS0 只用于映射控制信道，其余所有时隙用映射 TCH。

可见在 TS0 的下行链路上映射了 FCCH、SCH、CCCH、BCCH、SDCCH、SACCH 和空闲帧 I 等控制信道。对于上行链路，载波 C0 上的 TS0 跟下行链路一样也只用于映射控制信道。可见在 TS0 的上行链路上映射了 RACH、SDCCH、SACCH 和空闲帧 I 等控制信道。

3.2.3 突发脉冲序列

突发脉冲序列是指移动台与基站间在一个载频上 8 个时隙中的任一时隙内（即在一帧中）发送的信息比特流，约为 156.25bit。其结构在前面已经作了初步的介绍。突发脉冲序列分为 5 种类型：普通突发脉冲序列、空闲突发脉冲序列、频率校正突发脉冲序列、同步突发脉冲序列和接入突发脉冲序列。

普通突发脉序列用于携带 TCH 及除 RACH、SCH 和 FCCH 以外的控制信息。其结构如图 3.18 所示。它包含用于均衡器识别起始位和停止位的尾比特 TB；57 个加密的数据或语音比特；用于表示此突发脉冲序列是否被 FACCH 信令借用的 2 个比特的借用标志（“0”是 TCH，“1”是 FACCH）。另外，8.25 比特的保护空间，保证有时隙交错时不会出现有用比特的交错。

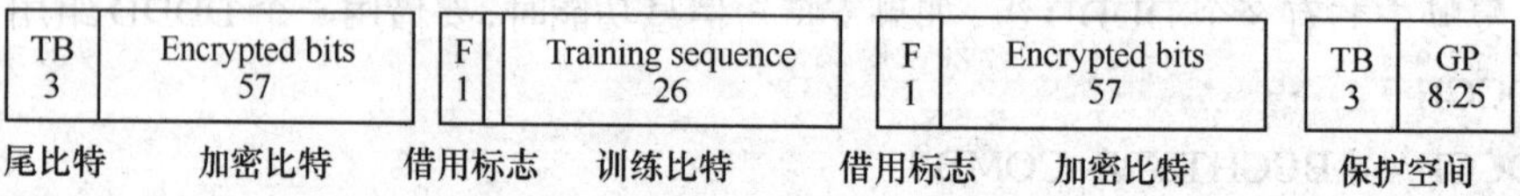

图 3.18 普通突发脉冲序列示意图

空闲突发脉冲序列是指基站发出的不含任何信息的突发脉冲序列，其格式与普通突发脉冲序列相同。其结构如图 3.19 所示。

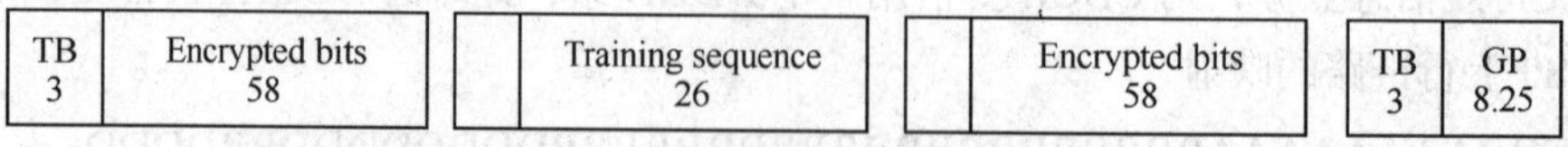

图 3.19 空闲突发脉冲串示意图

同步突发脉冲序列用于移动台的时间同步。它包括一个易被检测的长同步序列并携带有 TDMA 帧号和基站识别码（BSIC）信息，在 SCH 上发送。其结构如图 3.20 所示。

接入突发脉冲序列用于随机接入，它有一个较长的保护间隔，这是为适应移动台首次接入不知道时间提前值而设置的。其结构如图 3.21 所示。

TB	Encrypted bits	SYNC Sequence	Encrypted bits	TB	GP
3	39	64	39	3	8.25

图 3.20　同步突发脉冲串示意图

TB	SYNC Sequence	Encrypted bits	TB	GP
3	41	36	3	68.25

图 3.21　接入突发脉冲串示意图

频率校正突发脉冲序列用于移动台的频率同步，在 FCCH 上发送。其结构如图 3.22 所示，包含前后各 3 个尾比特；142 个固定比特，固定比特全为 0，用于使调制器发送一个未调制的载波；8.25 比特的保护空间。

TB	FIXED BITs	TB	GP
3	142	3	8.25

图 3.22　频率校正脉冲串

没有信息时同样要发送一个假脉冲，以保持信号强度，防止对方解不出数码而将链路释放。

保护空间大是因为移动台第一次接入，并不知道 TA 值，所以加大保护空间。移动台第一次接入与后一个串一定有交错，基站依此交错数码个数来计算 TA 值与动态功率值。

142 个固定比特用于产生一个有固定频偏（67.7kHz）的正弦波以供移动台识别。67.7=270/4（四分之一传输速率）。

3.3 GSM 的识别

3.3.1 编号系统

1. 移动台的国际身份号码 ISDN（MSISDN）

MSISDN 是供用户拨打的公开号码，具有全球唯一性。CCITT 建议结构为：MSISDN = CC+NDC+SN。如图 3.23 所示。

CC = 国家码，即在国际长途电话通信网中的号码（中国+86），NDC = 国内目的地码，SN = 用户号码。

如 1392223456 中的 139222 便是 NDC，前三位用于识别网号，后三位用于识别归属区，目前开通的 135 ~ 138 实际上是同一个网。

2. 国际移动用户识别码（IMSI）

IMSI 是指在无线路径和 GSM PLMN 网络上唯一识别移动用户的号码。用于 PLMN 所有信令中，存于 HLR、VLR、SIM 中。

IMSI = MCC + MNC + MSIN

MCC = 移动网的国家号码（与 CC 不同，中国为 460）。

MNC = 移动网号。中移通为“00”，中联通为“01”。

MSIN = 移动台识别号。

使用十进制，最长为 15 位，如图 3.24 所示。

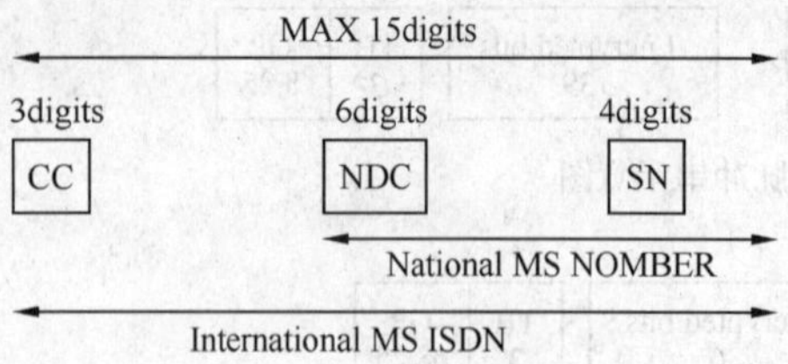

图 3.23 编号系统

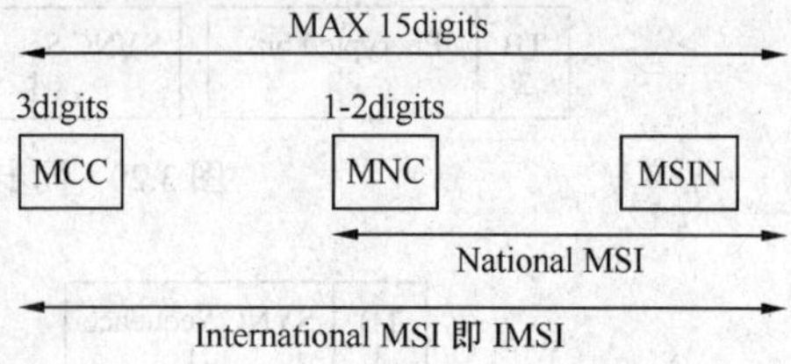

图 3.24 国际移动用户识别码

3. 移动台漫游号码（MSRN）

MSRN 用于一次呼叫的路由选择。

MSRN = CC + NSC + SN

CC = 国家号。

NDC = 国内目的地号码（用于识别 PLMN）。

SN = 用户号，用于识别 MSC/VLR 的地址。

4. 临时移动用户识别码（TMSI）

TMSI 用于保护 IMSI 码，该码只在本 MSC 区域有效，本次呼叫有效，其结构可由各电信部门选择，长度不超过 4 个字节。

5. 国际移动台设备识别码（IMEI）

IMEI 是唯一用来识别移动台终端设备的号码，称作系列号。

IMEI = TAC + FAC + SNR + SP

TAC = 型号论证码。

FAC = 最终装配码，用于识别制造厂家。

SNR = 序号。

SP = 备用。

6. 位置区识别码（LAI）

LAI 代表 MSC 业务区的不同位置区，用于移动用户的位置更新。

LAI = MCC + MNC + LAC

MCC = 移动国家号，识别一个国家。

MNC = 移动网号，识别国内的 GSM 网。

LAC = 位置区号码，识别一个 GSM 网中的位置。

7. 小区全球识别码（CGI）

CGI 用于识别一个位置区内的小区。

CGI = MCC + MNC + LAC + CI，如图 3.25 所示。

8. 基站识别码（BSIC）

BSIC = NCC + BCC，如图 3.26 所示。

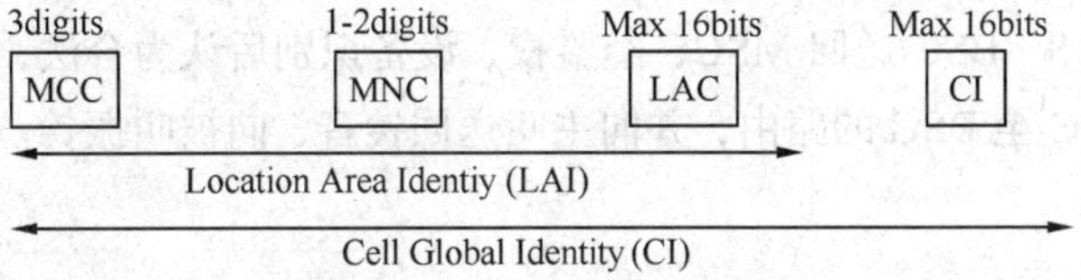

图 3.25　小区全球识别码结构示意图

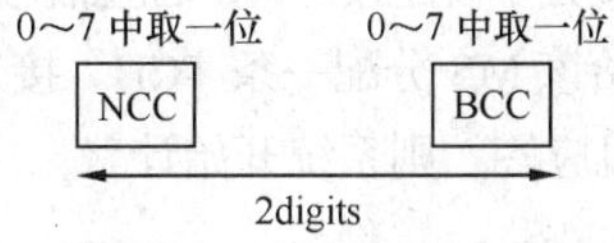

图 3.26　基站识别码示意图

NCC = 国家色码，用于识别边界上不同国家 GSM 移动网。

BCC = 基站色码，用于识别同频基站，一个簇一个 BCC。

小区数据中的 NCCPERM=X，用于指定移动台允许接入的网络。BCC 可以在 OMT2 中读出。

9. 各种号码的应用

在呼叫过程中各种号码的应用如图 3.27 所示。

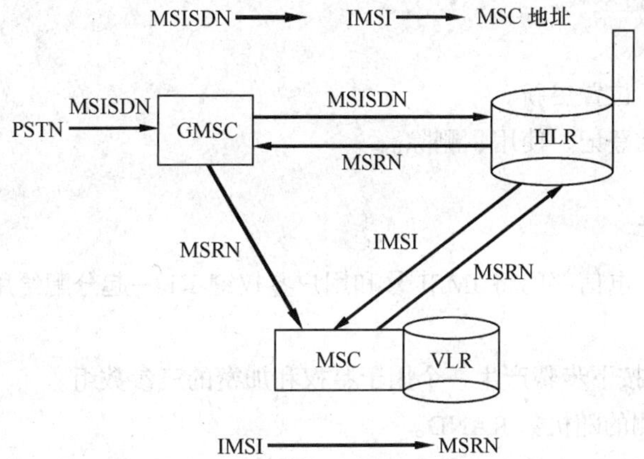

图 3.27　各种号码的应用

下例是一个北京的固定电话用户拨打广州的一个移动用户的呼叫接续过程中各种识别码的应用过程。

（1）主叫拨号。北京市话用户 A 拨打广州 GSM 用户 B 的 MSISDN 号码，PSTN 网络的交换机分析 MSISDN 号码，得知 B 用户为移动用户，它把呼叫转到 GSM 网络上距它最近的一个具有入口功能的移动业务交换中心（GMSC）。

（2）GMSC 分析被叫号码。GMSC 分析该号码为广州位置寄存器（HLR）的用户后将 MSISDN 号码送至广州 HLR，要求查询有关该被叫用户目前所在的位置信息。

（3）HLR 申请漫游号码（MSRN）。HLR 把 MSISDN 号码转换成 IMSI 后查出用户目前处于哪个 MSC 并将该 IMSI 发至该 MSC，向该 MSC 申请分配一个漫游号码。

（4）选定漫游号码（MSRN）。MSC 收到 IMSI 后临时给被叫用户 B 分配一个漫游号码并将此号码送回 HLR，再由 HLR 发给 GMSC 使用。

（5）连接呼叫至被叫所在的 MSC。GMSC 收到 MSRN 后，用此号码选择一条出中继路由至 MSC。MSC 将负责本次呼叫的建立和计费功能。

（6）令被叫所在位置区内的所有基站发寻呼信息。MSC 发出寻呼命令到 MS 所在位置区内的所有无线基站，再由基站向被叫用户 B 发呼叫信号。

（7）基站寻呼被叫用户 B。基站收到寻呼命令后，将该寻呼消息（含有 MS 的 IMSI）通过无线控制信道发射。MS 接收到寻呼后向基站发回响应信号。

（8）呼叫连接。MS 响应信号经 BTS、BSC 送回 MSC，经鉴权、设备识别后认为合法，则令 BSC 给该 MS 分配一条 TCH，接通 MSC 至 BSC 的路由，并向主叫送回铃音，向被叫振铃。当被叫摘机应答，则系统开始计费。

3.3.2 鉴权、加密及设备识别

CME20 提供以下安全保密措施：对接入网络的呼叫请求进行鉴权；对无线信道上的消息进行加密；对移动台的 IMSI 进行保护；对移动设备合法性进行识别。

1．鉴权

（1）下列情况需先经过鉴权。

① 移动台呼出及呼入。

② 移动台位置登记、位置更新。

③ 移动台补充业务的登记、使用、删除。

（2）鉴权过程

CME20 鉴权过程如下。

① 用户购机入网时，电信部门将 IMSI 号和用户鉴权键 Ki 一起分配给用户。同时，该用户的 IMSI 和 Ki 存入 AUC。

② 在 AUC 鉴权中心按下步骤产生一个用于鉴权和加密的三参数组。

- 产生一个不可预测的随机数 RAND。
- 以 IMSI、Ki 和 RAND 为输入参数由两个不同的算法电路（A8 和 A3）计算出密钥 Kc 和符号响应 SRES。
- 将 RAND、SRES、Kc 组成一个三参数组送往 HLR 作为今后为该用户鉴权时使用。

③ HLR 为每个用户自动存储 1 ~ 10 组三参数组，并在 MSC/VLR 需要时传给它。而在 MSC/VLR 中也为每个用户存储 1 ~ 7 组这样的三参数组。这样做的目的是减少 MSC/VLR 与 HLR、AUC 之间信令传送的频次。

④ 在呼叫处理过程中，MSC 向需被鉴权的移动台发送一组参数中的 RAND 号码，移动台据此再加上自身 SIM 卡内存储的 IMSI 和 Ki 作为 A3 鉴权运算电路的输入信号，算出鉴权的符号响应 SRES 并将其送回 MSC/VLR。

⑤ MSC 将原参数组中由 AUC 算出的 SRES 与移动台返回的 SRES 比较，若相同，则认为合法，允许接入，否则为不合法，拒绝为其服务。

CME20 鉴权过程如图 3.28 所示。

2．加密和解密

加密就是对在 BS 和 MS 之间无线信道上传递的消息加密，以防止第三者窃听。

加密原理参见下例。

未加密序列		0111
密钥	异或运算	1101

加密序列	1010
解密	1101
原消息	0111

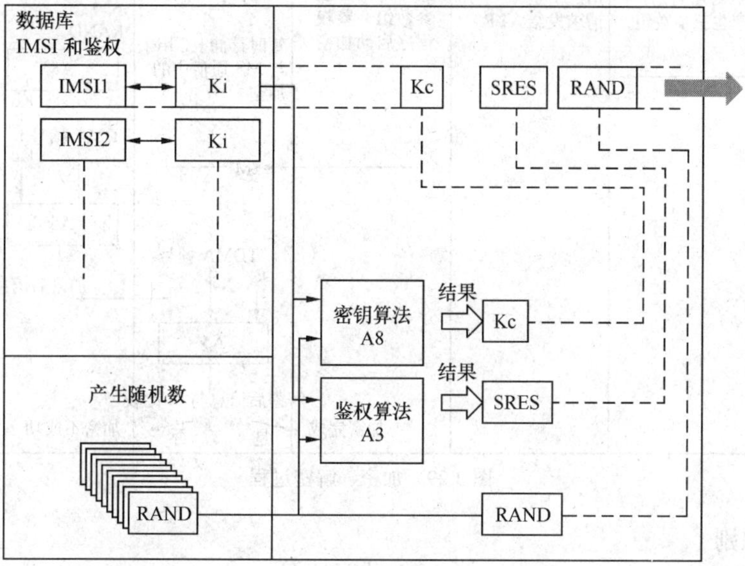

（a）

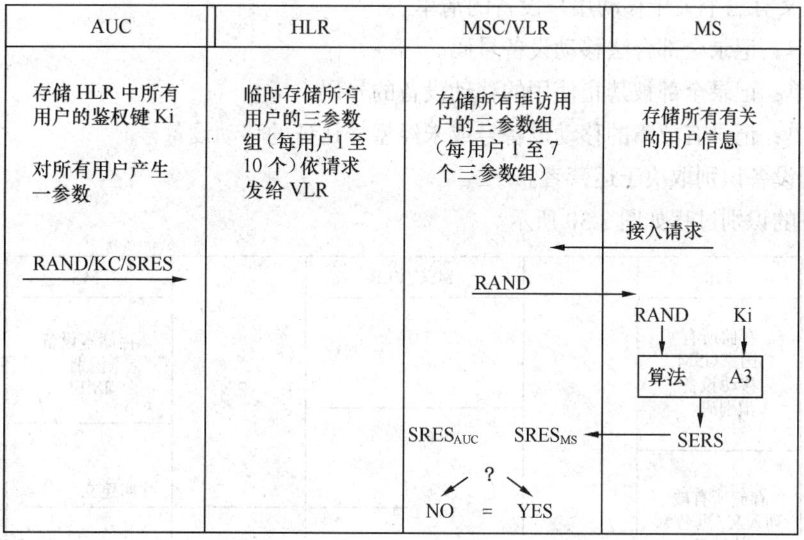

（b）

图 3.28　CME20 鉴权过程

加密过程如下。

（1）K_c、RAND、SRES 一起送往 MSC/VLR。

（2）MSC/VLR 启动加密进程，发加密模式命令“M”（一个数据模型）经基站发往移动台。

（3）在移动台中对“M”进行加密运算（A5 算法）。加密后的消息送基站解密。若解密成功（“M”被还原出来），则从现在开始，双方交换的信息（语音、数据、信令）均需经过加密、解密步骤。

加密和解密过程如图 3.29 所示。

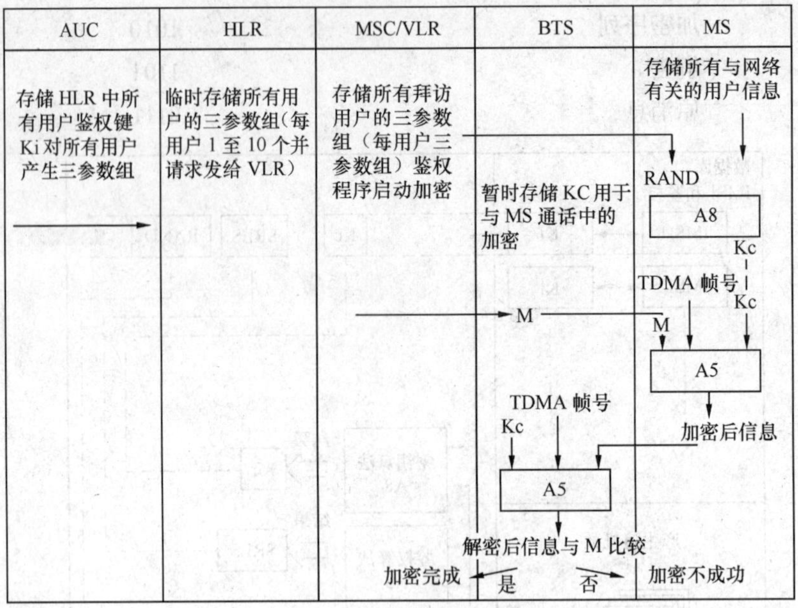

图 3.29 加密、解密过程

3．设备识别

鉴权是检查移动用户的合法性（IMSI）设备识别是检查移动设备的合法性（IMEI）。

EIR 中定义有三个关于移动用户设备的清单。

① 白名单：记录全部合法移动设备号码。

② 黑名单：记录全部被禁止使用的移动设备的号码。

③ 灰名单：记录有故障的移动设备号或未经型号认证的移动设备号。

是否起用设备识别取决于运营者。

用户设备的识别过程如图 3.30 所示。

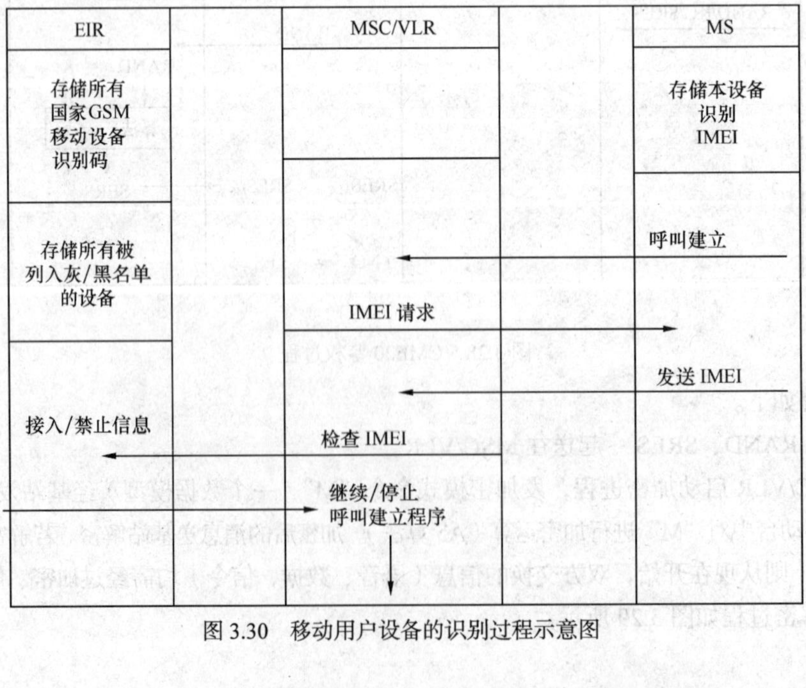

图 3.30 移动用户设备的识别过程示意图

3.4 业务过程

3.4.1 移动台的漫游

由于接收质量原因，移动中的移动台需要通过空中接口不时地改变与系统的连接，这种能力称为“漫游”，如图 3.31 所示。

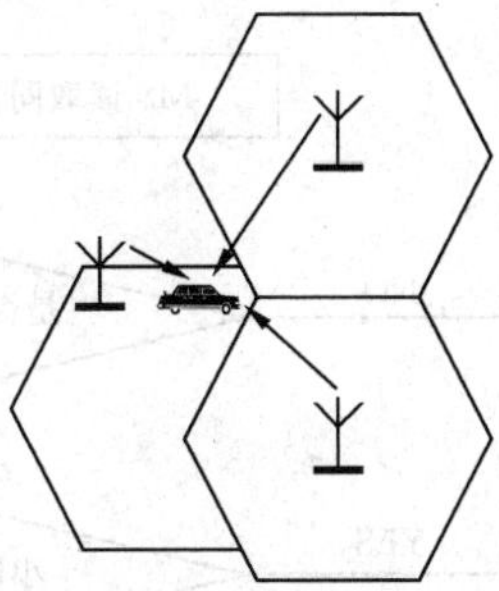

图 3.31　漫游小区连接示意图

MS 将根据 C1 来决定应与哪个小区连接。

路径损耗标准参数 C1 用于小区选择/重选：C1=A−Max（B，0）且 A > 0 才接入。

其中：

A=RXLEV-ACCMIN（接入系统时 MS 的接收电平储备）。

B=CCHPWR-P（接入系统时 MS 的发射电平储备，负值）。

ACCMIN：接入系统时移动台所需的最小接收电平。

CCHPWR：当移动台接入系统时移动台需要的发射功率（决定于小区数据）。

RXLEV：移动台接收到基站的下行信号电平。

P：移动台的最大发射功率（决定于手机本身）。所有的这些参数都用 dB 表示。

为什么不用 A 而用 C1 参数作为小区选择和重选的标准，这是因为 A > 0 只表示基站发的信号，移动台可以收到（下行信号的接收情况）。而 C1 > 0 既表示移动台可以收到基站的信号，又表示基站可以收到移动台的信号（上下行信号的接收情况）。

在下列情况下移动台将会改变与当前小区的连接（如图 3.32 所示）。

① 小区变成闭塞状态。

② 移动台接入几次不成功。

③ 下行链路上的误码率太高（移动台不能够对寻呼的信息进行解码）。

④ C1 < 0 超过 5s。

⑤ 另一个小区的 C1 比当前小区的 C1 好的时间超过 5s。

MS 开机时要进行小区选择，MS 在空闲状态下漫游时要进行小区重选，这都需要对 MS 接收到的信号强度进行测量。MS 空闲模式下进行小区选择/重选时不需要网络的参与。

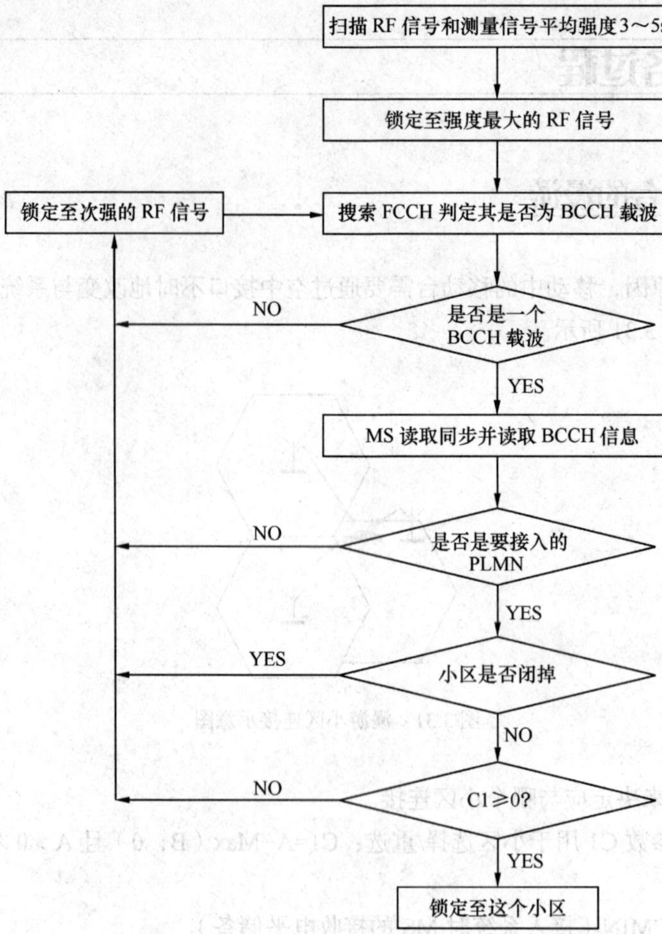

图 3.32　漫游过程示意图

3.4.2　位置更新和位置登记

位置更新：移动中的移动台从一个位置区移动至另一个位置区时，需要向系统登记其位置的变化信息，这个过程称为位置更新，如图 3.33 所示。位置更新过程发生在移动台空闲时。

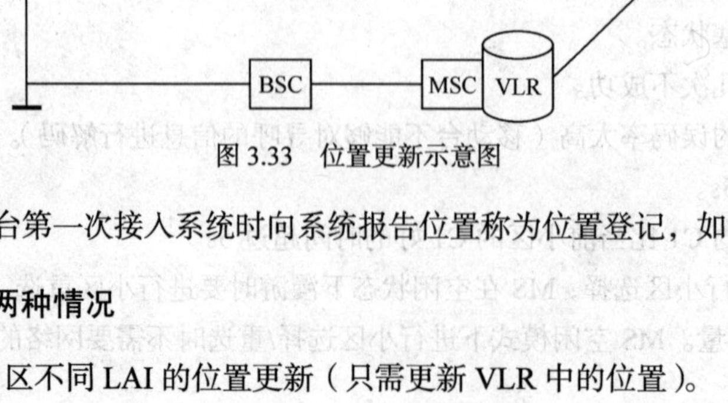

图 3.33　位置更新示意图

位置登记：移动台第一次接入系统时向系统报告位置称为位置登记，如图 3.34 所示。

1．位置更新的两种情况

① 同 MSC/VLR 区不同 LAI 的位置更新（只需更新 VLR 中的位置）。

② 不同 MSC/VLR 区不同 LAI 的位置更新（需更新 HLR、VLR 中的位置信息）。

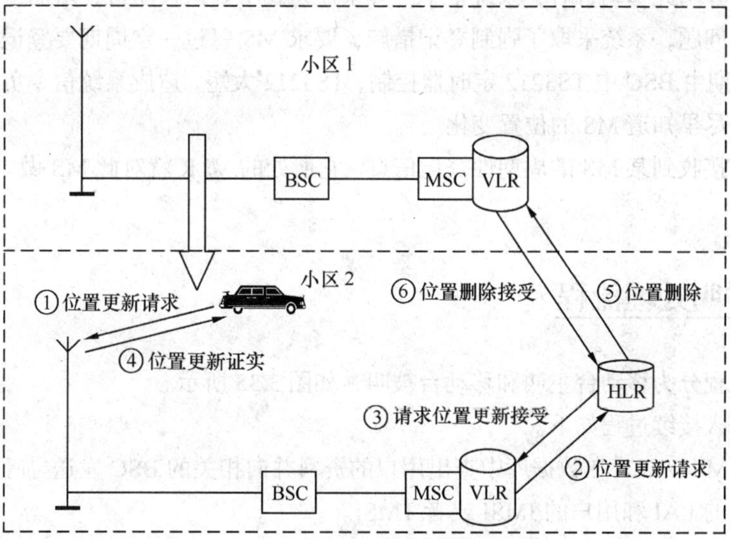

图 3.34　位置登记示意图

2．移动台的状态

（1）移动台关机

这种状态下 MS 不能应答寻呼消息，网络不能找到 MS。同时它也不能通知网络其所处的位置区的变化。此时 MS 被认为是“分离”状态。

（2）移动台开机，空闲状态

这种状态下，系统可以成功地寻呼 MS，MS 被认为是“附着”。当 MS 移动时，能够通过测试检查，MS 连接到接收性能最好的 BCCH 载波上（小区重选），MS 还必须通知网络其位置区的变化，即位置更新。

（3）移动台忙

此时网络分配给 MS 一个业务信道传送语音或数据，当 MS 移动时它必须有能力进行定位和切换。

一个激活状态的 MS 标有“附着”（IMSI 标志）标记，关机时，MS 向网络发送最后一条消息，其中包括分离处理请求，MSC/VLR 接收到“分离”消息后，就在该 MS 对应的 IMSI 上作“分离”标记。

3．移动台第一次登记

由于 MS 第一次被使用，所以 MSC/VLR 没有此 MS 的任何信息，若 MS 发现当前的 LAI 码与 SIM 中的不同，MS 接入系统要求登记，MSC/VLR 登记该 MS 的位置信息并将该请求发往 HLR 记录，MSC/VLR 对该 MS 作“附着”标记，此时这个 MS 被激活。

4．周期性登记

当 MS 正常关机向网络发送“IMSI 分离”消息时，因无线链路质量差，系统有可能不能正确译出信息，没有证实消息发送给 MS，之后 MS 也没有再发“分离”信号，因此系统仍认为 MS

处于附着状态，或 MS 非正常关机，不向网络发“IMSI 分离”请求，系统也仍认为 MS 处于附着状态。当有用户呼叫此移动台时，系统忙了一阵子还是找不到该移动台，增加了系统的负荷。

为解决这一问题，系统采取了强制登记措施，要求 MS 每过一定周期要登记一次，这叫周期性登记。登记周期由 BSC 中 TS3212 定时器控制，TS3212 太短，造成系统信令负载过重。TS3212 太长，系统不能尽早知道 MS 的位置变化。

若系统没有接收到某 MS 的周期性登记信息。它所处的 VLR 就对此 MS 做“分离”标记，称“隐分离”。

3.4.3 呼叫处理流程

呼叫处理流程分为移动台主叫和移动台被叫，如图 3.35 所示。

移动台的呼入接续过程如下。

（1）寻呼。MSC/VLR 在数据库中查出用户的资料并向相关的 BSC 发送寻呼信息。该信息包含用户所在区域的 LAI 和用户的 IMSI 或者 TMSI。

（2）寻呼命令。BSC 向 LA 区内的所有 BTS 发出寻呼命令。该信息包含 IMSI 或 TMSI、收发信单元识别码、信道类型和时隙号。

（3）寻呼请求。BTS 在 PCH 上向移动台发送寻呼信息。该信息包含用户的 IMSI 或 TMSI。

（4）信道请求。被寻呼的移动台在 RACH 上发送一个短的接入脉冲串至 BTS。BTS 接收该寻呼响应信号后记录该突发脉冲串的迟滞值（TA 动态 PWR）。

（5）信道请求。BTS 向 BSC 发信道请求信息。该信息还包含移动台接入系统的迟滞值。

（6）信道激活。BSC 选择一条空闲的 SDCCH 并指示 BTS 激活该信道。

（7）信道激活证实。BTS 激活 SDCCH 后向 BSC 发信道激活证实信息。

（8）立即分配。BSC 透过 BTS 经由 AGCH 向移动台发出允许接入系统信息。该信息包含频率、时隙号、SDCCH 信道号和移动台将要使用的时间提前值 TA 等。

（9）寻呼响应。移动台通过 SDCCH 向 BSC 发寻呼响应信息。该信息包含移动台的 IMSI 或 TMSI 和移动台的等级标记，BSC 加入 CGI 后把信息送往 MSC/VLR。

（10）鉴权请求。MSC/VLR 透过 BSC、BTS 向移动台发鉴权请求，其中包含随机数 RAND，用移动台的鉴权运算。

（11）鉴权响应。移动台经鉴权计算后向 MSC/VLR 发回鉴权响应信息，MSC/VLR 检查用户合法性，如用户合法，则开始启动加密程序。

（12）加密模式命令。MSC/VLR 通过 BSC、BTS 向移动用户发加密模式命令。该命令在 SDCCH 上传送。

（13）加密模式完成。移动台进行加密运算后向 BTS 发出已加密的特定信号，BTS 解密成功后透过 BSC 向 MSC/VLR 发加密模式完成信息。

（14）设置呼叫类型。MSC 向移动台发送呼叫类型设置信息。该信息包含该次呼叫的类型。如传真、通话或数据通信等类型。

（15）呼叫类型证实。移动台设置好呼叫类型后向 MSC 发出呼叫类型证实信息。

（16）分配请求。MSC 要求 BSC 选择一条通往移动台的语音信道，同时 MSC 在一条通往 BSC 的 PCM 链路上选择一个空闲时隙，并把时隙的电路识别码（CIC）送往 BSC。

（17）信道激活。如果 BSC 发现某小区上有一条空闲的 TCH，它将向 BTS 发送信道激活命令。

（18）信道激活证实。BTS 激活 TCH 后向 BSC 发回信道激活证实信息。

（19）分配命令。BSC 通过 SDCCH 向移动台发信道切换指令，命令移动台切换至所指定的 TCH。

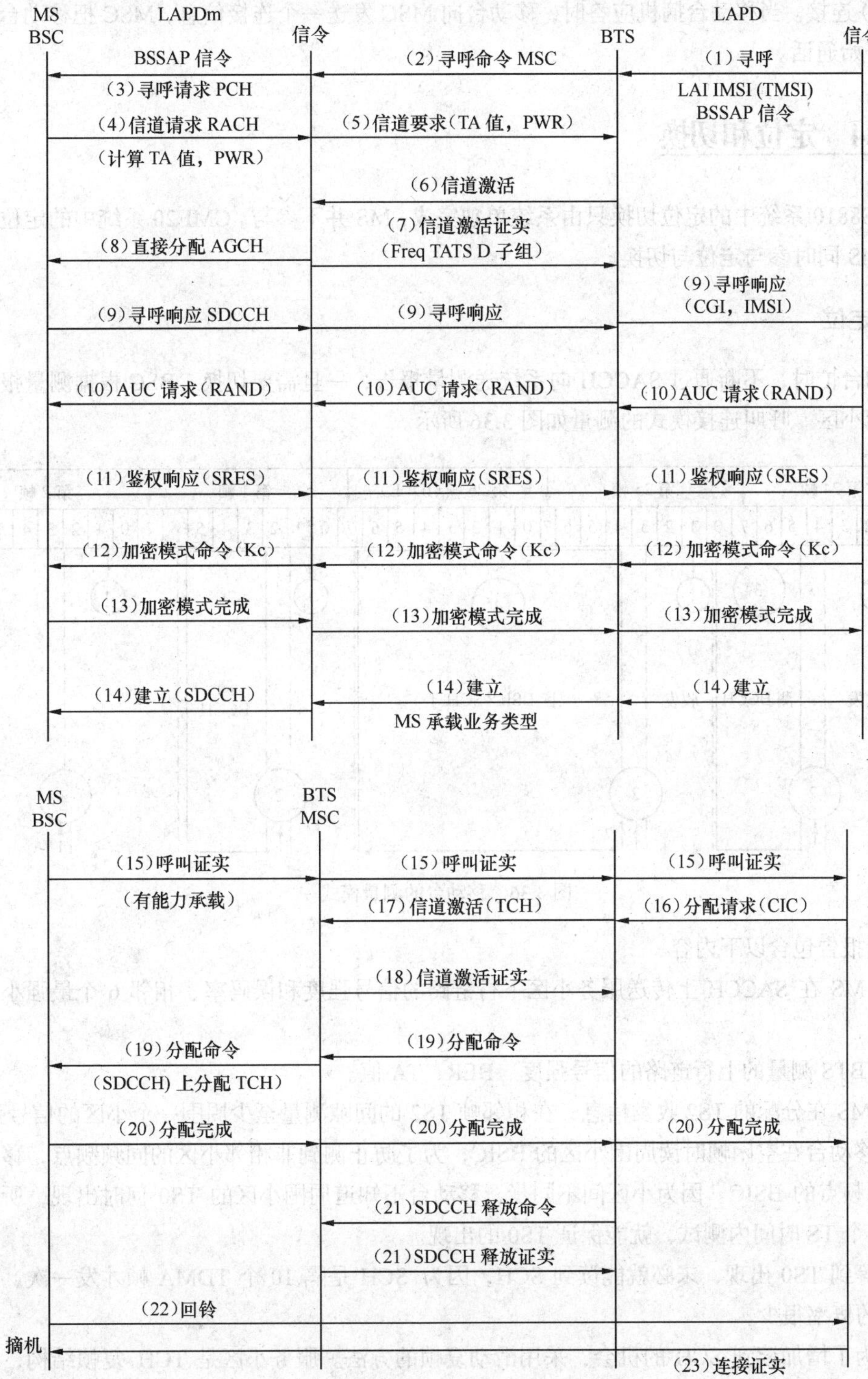

图 3.35　呼叫处理流程示意图

（20）分配完成。移动台切换至所指定的 TCH 后向 BSC 发送信道分配完成信息，BSC 接收后再送往 MSC/VLR。

（21）无线信道释放/释放证实。BSC 释放 SDCCH 信道并把它标记为空闲状态。

（22）振铃回应。当移动台开始振铃时移动台要向 MSC 发送一个通知信息。

（23）连接。当移动台摘机应答时，移动台向 MSC 发送一个连接信息，MSC 把移动台的电路接通，开始通话。

3.4.4 定位和切换

CMS8810 系统中的定位切换只由系统单独完成，MS 并不参与。CME20 系统中的定位切换由系统和 MS 同时参与定位与切换。

1．定位

移动台忙时，不断通过 SACCH 向系统送测量报告，一旦需要切换，BSC 根据测量报告很快选出目标小区。呼叫连接模式的测量如图 3.36 所示。

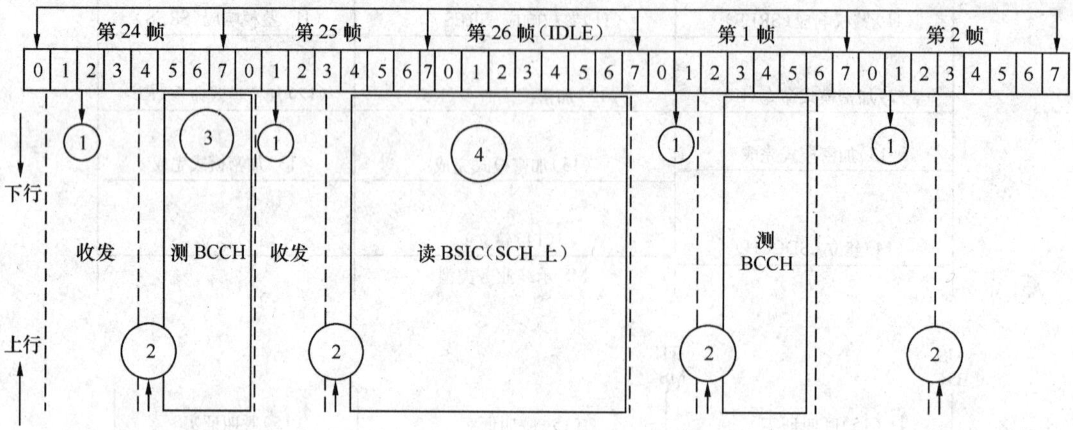

图 3.36　移动台的测量模式

测量报告包含以下内容。

（1）MS 在 SACCH 上传送服务小区下行链路的信号强度和误码率、相邻 6 个最强小区的信号强度。

（2）BTS 测量的上行链路的信号强度、BER、TA 值。

① MS 在分配的 TS2 收发信息，在相邻帧 TS2 的间隙测量至少周围一个小区的信号强度。

② 移动台在空闲帧时读周围小区的 BSIC，为了防止测到非相邻小区的同频频点，移动台必须读所测频点的 BSIC。因为小区间不同步，移动台不知道周围小区的 TS0 何时出现，所以必需在至少 8 个 TS 时间内测试，就能保证 TS0 的出现。

③ 等到 TS0 出现，未必就能读到 SCH，因为 SCH 是隔 10 个 TDMA 帧才发一次，因此读到 SCH 的概率很少。

④ 为了增加读到 SCH 的机会，采用滑动复帧的方法。服务小区是 TCH 复帧结构，相邻小区是 CCH 复帧结构，TCH 的空闲帧相对于 CCH 的 SCH 有一个滑动。

2．切换

移动用户正处于通话状态，从一个小区到另一个小区改变 TCH，称"切换"。

如图 3.37 所示的情况是移动台必须切换的各种条件，若没有合适的切换对象时，呼叫释放。

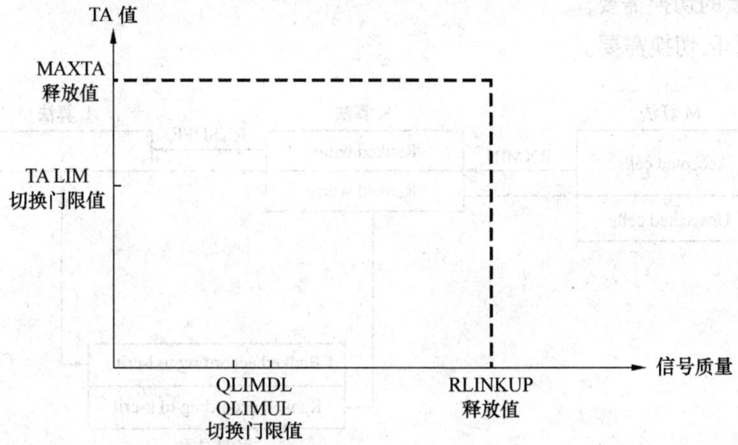

图 3.37　各种条件的切换

切换的处理过程如图 3.38 所示。

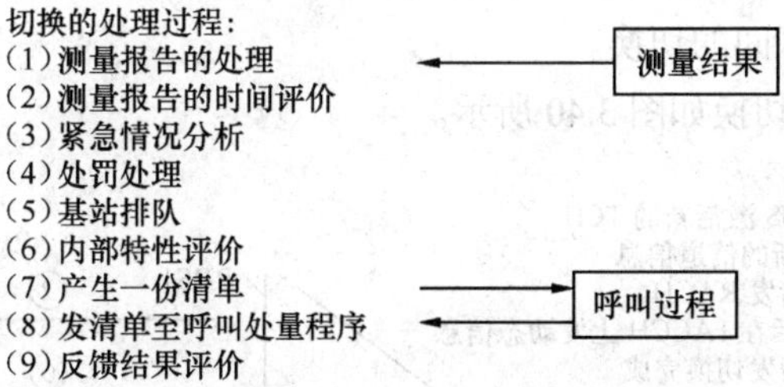

图 3.38　切换的处理过程

（1）测量报告的处理。每次切换必须在计时器计满后才能进行，防止 MS 在边界移动而过多切换。对质量好的小区 BSC 可较慢处理测量报告，对质量差的小区 BSC 要快速处理测量报告。

（2）时间评价。选择对测量报告的计算方法和处理方法。包括取平均值的长度和允许丢失的测量报告个数（每 480ms 一次汇报）。

（3）紧急情况分析。紧急切换的原因：传输质量差（BER 高）或 TA 太大。

这是一种需要立即处理的情况，否则链路会释放。若有合适小区提供切换，则进行正常切换，否则可能是小区内切换（信道间或载波间），相关数据是 QLIMDL、QLIMUL、BQOFFSET。

（4）惩罚值。对切换不成功的小区加上惩罚值。从信号强度上加以扣除，相应小区在队列表中将滞后，执行时间到达后回到原位置。

（5）基站排队。根据基站的测量报告计算结果对基站进行排队，有两种算法，GSM 算法和爱立信算法（如图 3.39 所示）。

（6）内切换评价。如果服务小区内有 UL/OL 结构，或者有微蜂窝结构时则必须分析小区内的切换。相关数据为 TAOL、LOL。

（7）候选表处理。根据下列各种原因排出一张基站候选表：

① 分配坏小区的业务需要。

② TA 太大的切换需要。

③ 质量太差的切换需要。

④ UL/OL 小区切换需要。

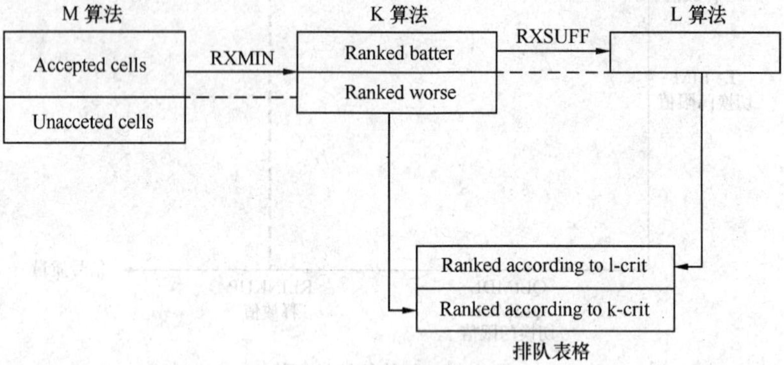

图 3.39 爱立信算法示意图

切换的三种类型：同一 BSC 内小区间的切换；同一 MSC/VLR 内不同 BSC 控制的小区切换；不同 MSC/VLR 控制的小区间的切换。

同一 BSC 内小区间的切换如图 3.40 所示。

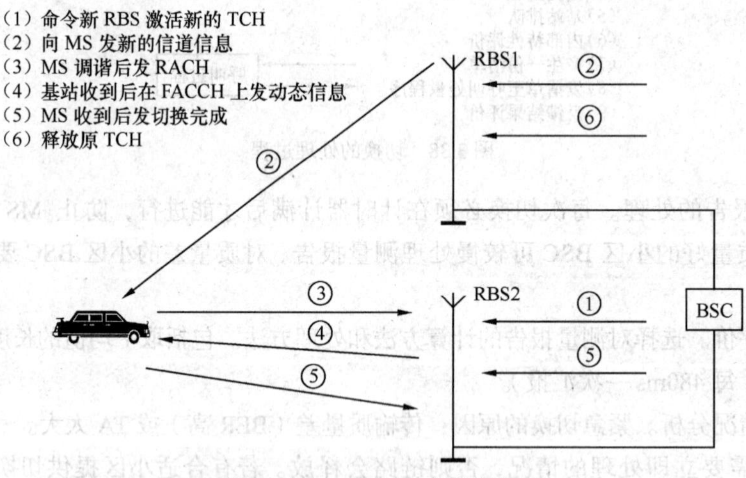

图 3.40 同一 BSC 内小区间的切换

（1）BSC 命令新小区所在的基站激活一 TCH 信道。

（2）BSC 经原小区的基站向 MS 发送切换的信息，包括频率、信道等。

（3）MS 调谐到新频率上，在给定的时隙内发送切换接入脉冲序列。

（4）当新的基站收到这一突发脉冲序列后，即经 FACCH 信道发送有关同步、输出功率、时间调整等参数信道至 MS。

（5）MS 接收此信息后，经新的基站向 BSC 发送切换完成消息。

（6）BSC 通知老基站释放其 TCH。

同一 MSC/VLR 内不同 BSC 控制的小区间的切换如图 3.41 所示。

（1）BSC 决定切换时，先向 MSC 发送包括新小区基站号在内的切换请求信息。

（2）MSC 查出哪个 BSC 控制该基站，将请求发往该 BSC。

（3）新 BSC 命令该基站激活一 TCH 信道。

（4）新 BSC 经过 MSC、老 BSC、老基站发送切换频率、信道等信息（经 FACCH 发送）。

（5）MS 调谐到新的载频上，并在指定的信道上（FACCH）传送切换接入突发脉冲序列。

（6）当新基站检测到该信息后，同样由 FACCH 信道，向 MS 发送定时、功率等级等信息。

（7）MS 接收之后，经新 BSC、MSC 向老 BSC 发送切换完成消息。

（8）新 BSC 通过 MSC 发送命令至老 BSC，释放其 TCH 信道。

（9）老 BSC 令其基站释放 TCH 信道。

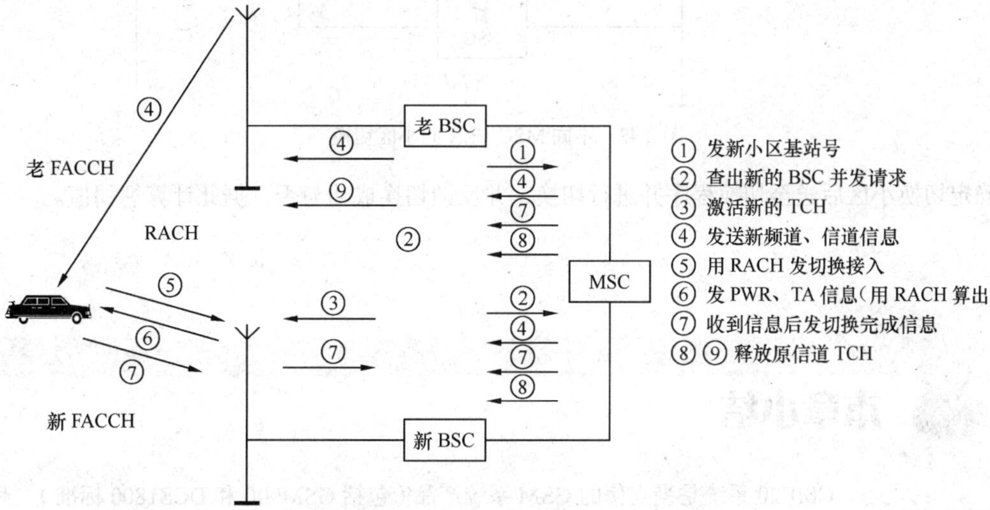

图 3.41　同一 MSC 内不同 BSC 小区间切换

不同 MSC/VLR 控制的小区间切换如图 3.42 所示。

（1）老 BSC 向其 MSC A 发送切换请求信息。

（2）MSC A 发现新小区在 MSC B 服务区内，故向 MSC B 发送切换协助信息。

（3）MSC B 收到该信息后，为此分配一专门的切换号（当需要将呼叫再切换回去时使用，同时向相应的 BSC 送发切换请求。

（4）新 BSC 接收该信息后，命令目标基站激活一 TCH，并将 TCH 号等切换信息送回 MSC B。

（5）MSC B 收到 BSC 送来的信息后，与切换号一起送回 MSC A。

（6）MSC A 建立起一条通往 MSC B（可能经过 PSTN 网）的局间中继路由。

（7）MSC A 令其 BSC 经 FACCH 向 MS 发送有关切换的信息，包括切换到哪个频率和哪个信道上。

（8）MS 调谐到新的频率上，并在给定时隙上经 FACCH 信道发送切换接入脉冲序列。

（9）当新的基站收到这一信息后，将经 FACCH 向 MS 发送有关定时、功率输出参数等信息。

（10）MS 经新 BSC、MSC B、MSC A 向老 BSC 发送切换完成信息。由 MSC A 建立通往 MSC B 的通路。由 MSC B 将通路延伸到 BSC 和基站。

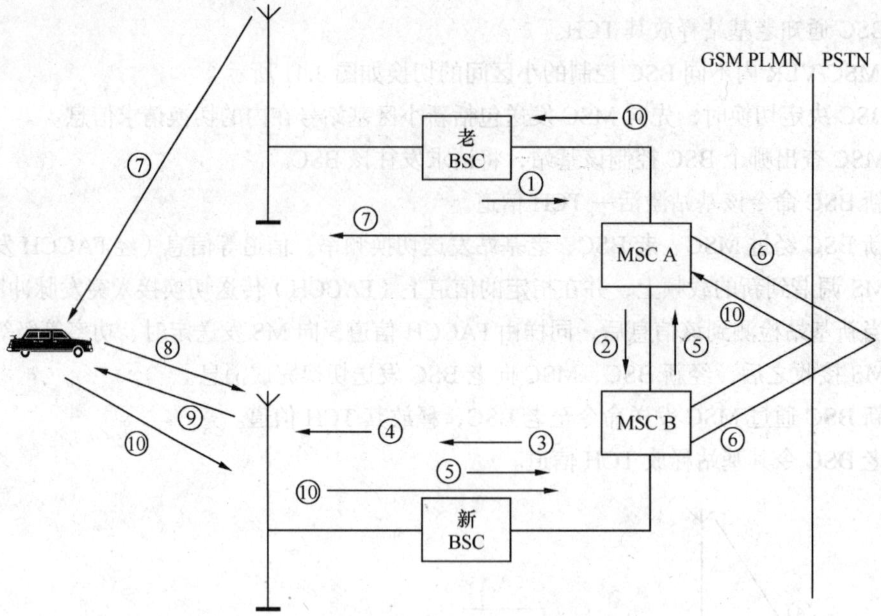

图 3.42　不同 MSC/VLR 间小区切换

确定切换小区后送至切换程序并进行切换，并反馈切换成功与否，据此计算惩罚值。

本章小结

CME20 系统是爱立信的 GSM 系统产品（包括 GSM900 和 DCS1800 标准）。用于 GSM 的 CME20 系统是在 AXE10 交换机基础上开发设计的，主要用来实现全双工的移动电话业务和各种数据业务。CME 20 系统具有以下技术特点：采用 AXE 10 交换系统的技术；采用 TDMA 时分多址技术；采用高斯滤波最小移频键控调制技术（GMSK）；语音编码采用了波形编码和声源编码相结合的混合编码技术；速率可低于 16kbit/s；保密方式采用加密和用户身份鉴别的数字化处理技术，安全、保密性能好。CME20 系统由交换系统（SS）、基站系统（BSS）、操作支持系统（OSS）和其他网络节点组成。

GSM 无线数字传输和信号处理技术包括：时分多址；时间色散；时间提前；信号编码处理；天线（空间）分集接收；跳频；话音信号的间断传输方式（DTX）；用户识别卡（SIM 卡）。GSM 的物理信道是指一个载频上一个 TDMA 帧的一个时隙，它相当于 FDMA 系统中的一个频道。用户通过某一个载频上的一个信道接入系统。用户在该信道上，即该时隙上发出的信息比特流称为突发脉冲序列。物理信道有 992 条。逻辑信道是从信息内容的性质角度划分的。把信道上传递的内容分成业务信息（语音、数据等）和控制信息（控制呼叫进程的信令）两大类。定义与之对应的逻辑信道称为业务信道和控制信道。逻辑信道有 12 条。业务信道（TCH）用于传送编码后的语音或数据信息。控制信道（CCH）用于传递控制信息，如控制呼叫进程的信令信息。突发脉冲序列是指移动台与基站间一个载频上 8 个时隙中任一时隙内（即在一帧中）发送的信息比特流，约为 156.25bit。突发脉冲序列分为 5 种类型：普通突发脉冲序列、空闲突发脉冲序列、频率校正突发脉冲序列、同步突发脉冲序列和接入突发脉冲序列。

GSM 的识别内容有编号系统、鉴权、加密及设备识别。CME20 提供以下安全保密措施：对接入网络的呼叫请求进行鉴权，对无线信道上的消息进行加密，对移动台的 IMSI 进行保护，对移动设备合法性进行识别。

本章最后介绍了移动台的漫游，移动台位置更新和位置登记。呼叫处理流程包括移动台主叫和移动台被叫。定位和切换，在 CMS8810 系统中的切换定位，只由系统单独完成，MS 并不参与。CME20 系统中的切换定位，由系统和 MS 同时参与。

习题和思考题

1. 移动通信系统 GSM 的组成，它的主要功能是什么？
2. 数字移动电话网的接口及主要作用是什么？
3. GSM 系统采用双频双工的通信方式，基站的发射（下行）频率和手机的发射（上行）频率是多少？双工间隔频率是多少？
4. 基站和移动台间的时间是如何调整的？
5. 简述 GSM 的帧结构。
6. 什么是信道编码？GSM 系统语音的信道编码是如何实现的？
7. 在 GSM 系统中，业务信道用于传送什么？而控制信道的作用是什么？
8. 数字手机采用交织技术的目的？
9. 临时移动用户识别码（TMSI）有何作用？
10. 简述手机开机信号接续过程。
11. GSM 的识别内容有那些？
12. 说明位置更新和位置登记的含义。
13. 说明定位和切换的含义。

第4章

GPRS 和 EDGE 基本原理

4.1 GPRS 基本原理

4.1.1 GPRS 的基本概念

GPRS（General Packet Radio Service）即通用无线分组业务，是叠加在 GSM 网络上并利用现有 GSM 系统资源来提供数据业务。与目前电路模式的发送和接收数据方式不同，它不需要给每个激活用户一条专用 GSM 电路，允许用户在 GSM 网上以分组模式（共享电路），端到端地发送和接收数据。

只有当真正地发送数据时才占用无线信道，并且这个信道可供小区内所有的用户共享。GPRS 非常适合有大量突发性发送和接收数据需求的业务。一方面，每个用户可以根据需要使用多个信道（最多 8 个），另一方面，同一信道又可以由多个用户同时共享。GPRS 理论上能提供 9.05 ~ 171.2kbit/s 的数据传输速率。

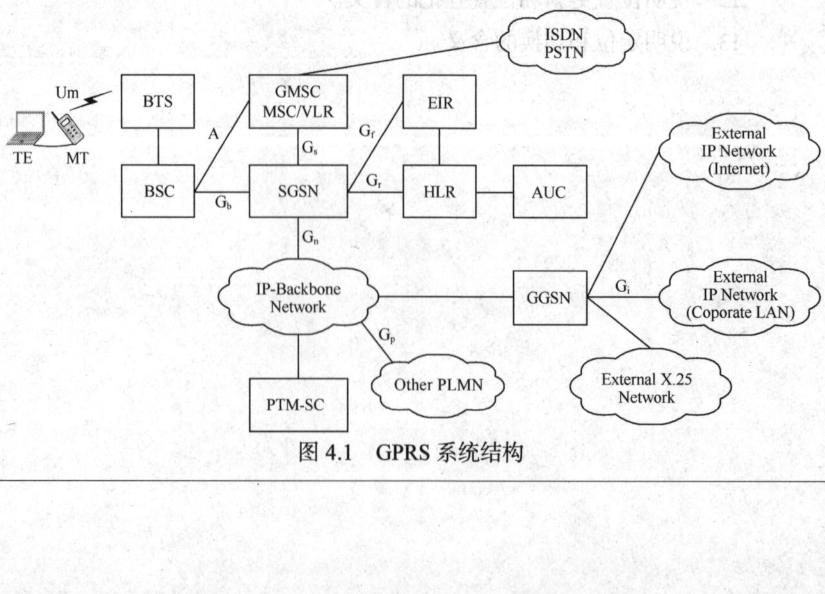

图 4.1　GPRS 系统结构

GPRS 采用与 GSM 相同的频段、相同的频带宽度、相同的突发结构、相同的无线调制标准等，而且 GPRS 分组数据功能并不影响 GSM 系统支持的电路业务。

4.1.2　GPRS 系统结构和功能单元

如图 4.1 所示，GPRS 分四部分：移动台（MS）、基站子系统（BSS）、电路交换子系统（CSS）和分组交换子系统（PSS）（包括 SGSN 和 GGSN），以下是需要新引进的设备或节点。

1．移动台（即手机）

支持 GPRS 手机现在有以下三种类型。

A 类：数据通信，语音通信可以同时进行；

B 类：可以进行数据通信，也可以进行语音通信，但不能同时进行，同一时间只能进行其中一种通信；

C 类：只能进行数据通信。

目前市场上出售的大部分 GPRS 手机都是 B 类手机，并标有 3D1U 字样。

2．BTS （Base Trasceiver Station）

基站，负责无线信号的接收和发送。

3．BSC（Base Station Controler）

基站控制器，无线控制功能。

4．PCU（Packet Control Unit）

分组控制单元，是 BSC 新增硬件，爱立信产品是在 BSC 内增加了一个独立的机框，负责将 BSC 接收和发送信号打包/拆包，实现电路交换到分组交换的第一步转换。

5．SGSN（Service Gateway Support Node）

业务网关支持节点，是 GPRS 系统的核心功能模块。相当于 GSM 中的 MSC。

6．GGSN（Gateway GPRS Support Node）

GPRS 网关支持节点，为用户上网提供 Internet 接口。

4.1.3　接口

SIM 与 MS 之间接口：Sm。

移动台与基站之间的接口：Um，用来通过无线信道向 MS 提供分组业务。

基站子系统与 SGSN 之间的接口：Gb，用于交换信令信息和用户数据。

SGSN 与 MSC/VLR 之间的接口：Gs，用于 SGSN 与 MSC/VLR 配合实现诸如联合位置更新、经由 GPRS 进行 CS 寻呼等功能。

SGSN 与短信中心接口：Gd，用于 SGSN 与短信中心之间传送短消息。

SGSN 与 HLR/AUC 之间的接口：Gv，用于 SGSN 和 HLR 交换有关移动台位置和用户数据的信息。

GGSN 与 HLR/AUC 之间的接口：Gc，用于当网络发起 PDP 上下文激活时，GGSN 和 HLR 之间交换信息。

GSN 之间的接口：Gn/Gp，包括传输平台和信令平台，传输平台用于提供用户数据的传输隧道，信令平台提供路径管理、隧道管理、移动性管理、位置管理的信令交换。

计费网关与 GSN 的接口：Ga，计费信息和信令的传递。

GSN 与外部数据网之间的接口：Gi。

4.1.4 GPRS 的编码方式

GRPS 提供了 4 种编码方式：CS1 ~ CS4。

采用 CS-1 和 CS-2 信道编码方案时，数据速率仅为 9.05kbit/s 和 13.4kbit/s（包括 RLC 块字头）。但能够保证实现小区的 100%和 90%覆盖时，能满足同频道干扰 C/I≥9dB 要求。原因是 CS-1 和 CS-2 编码方案中 RLC（无线链路控制）块的半速率和 1/3 速率比特用于前向纠错 FEC，因此降低了 C/I 要求。

虽然 CS-3 和 CS-4 编码方案数据速率较高，为 15.6kbit/s 和 21.4kbit/s（包括 RLC 块字头），但它是通过减少和取消纠错比特换取数据速率的提高。因此 CS-3 和 CS-4 编码方案要求较高的 C/I 值。

不同编码方式对比如表 4.1 所示。

表 4.1　　不同编码方式对比

Coding	Info.bits	Max.data rate per TS（kbit/s）	C/T（dB）
CS 1	160	8.0	6
CS 2	240	12.0	9
CS 3	288	14.4	12
CS 4	400	20.0	17

4.1.5 GPRS 主要业务及业务建立流程

GPRS 网络目前主要承载四种数据业务：第一种是 WAP 业务；第二种是 MMS 业务；第三种是 Internet 接入业务；第四种是企业接入业务。

1. GPRS 网络附着过程

手机启动，如图 4.2 所示。

（1）MS 通过 BSS 和 PCU 向 SGSN 申请 Attach（old RAI，old P_TMSI）请求。

（2）新 SGSN 通过旧的 RAI 识别出旧 SGSN 并请求提供 IMSI 号码。

（3）如果旧 SGSN 存有 MS 数据则发送 MS 的 IMSI 和鉴权三元组到新 SGSN。

（4）如果旧 SGSN 不存有 MS 数据或与旧 SGSN 通信失败，新 SGSN 则要求 MS 发送 IMSI。

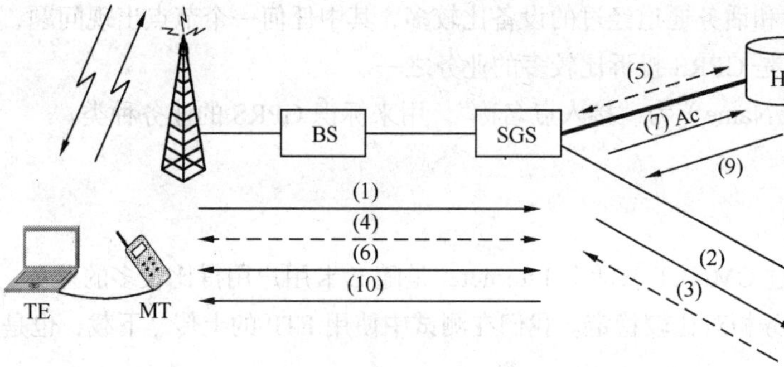

图 4.2　GPRS 网络附着过程

（5）新 SGSN 根据 MS 的 IMSI 从 HLR 中获得鉴权三元组数据。

（6）新 SGSN 对 MS 进行鉴权。

（7）新 SGSN 发送 Update_Location（IMSI，新 SGSN GT 地址）消息到 HLR。

（8）HLR 发送 Cancel_Location 消息到旧 SGSN 删除 MS 的登记信息。

（9）HLR 发送 Update_Location 的应答消息到新 SGSN 并将用户数据登记到该 SGSN 上。

（10）如需要，新 SGSN 将通知用户使用新的临时标识用于数据通信（P_TMSI 和 TLLI）。

2．PDP 上下文激活过程（手机启动）

（1）手机向 SGSN 申请 PDP 要求；

（2）SGSN 验证其激活请求后将其申请 APN 送至 DNS 进行解析，获得 GGSN 地址；

（3）SGSN 将激活请求发送至相应的 GGSN；

（4）GGSN 根据 APN 确定是否进行鉴权或发起地址分配请求，同时为用户生成 PDP 上下文数据，并确定路由方式；

（5）如果需要，GGSN 分配一个动态 PDP 地址；

（6）SGSN 向手机发送确认消息。

3．WAP 业务和彩信业务

如图 4.3 所示，CMWAP 是用户通过 GPRS 上 WAP 浏览网页的 APN，也是彩信发送所需要的 APN。RADIUS 是提供用户号码鉴权功能及发送计费信息，主要用于 CMWAP，放置于北京。当 RADIUS 不正常时，会导致 CMWAP 使用异常。

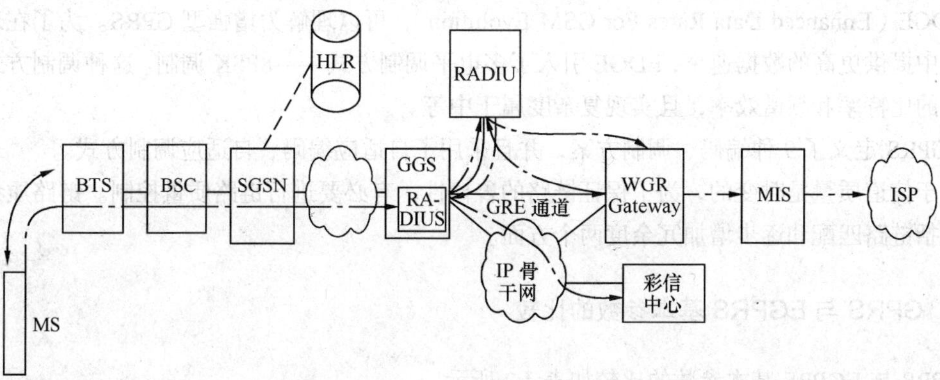

图 4.3　WAP 业务和彩信业务示意图

由于 CMWAP 激活和话务通道经过的设备比较多，其中任何一个节点出现问题，都会导致使用异常。所以 CMWAP 是 GPRS 投诉比较多的业务之一。

APN（Access Point Name）为“接入点名称”，用来标识 GPRS 的业务种类。

4．Internet 业务

如图 4.4 所示，通过 CMNET 激活上 Internet，是随 E 卡用户用得比较多的业务。CMNET 的话务通道比较简单，业务相对比较稳定。我们在测试中使用 FTP 的上传、下载，也是这种业务的应用，是最主要的应用。

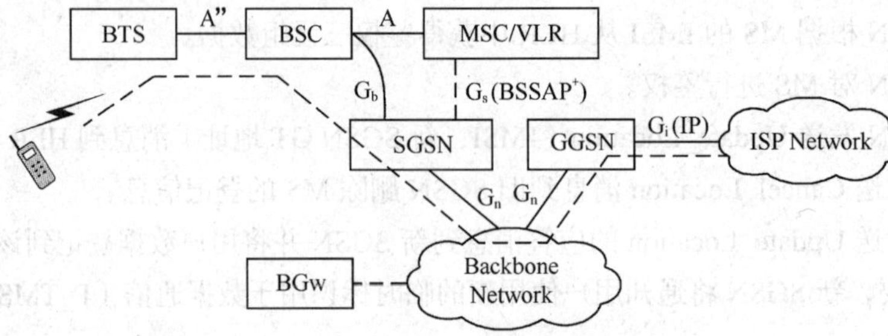

图 4.4　Internet 业务示意图

5．GPRS 功能的开启

开启 GPRS 功能非常简单，只需要 1 条指令：

RLGSI：CELL=XXX；

关闭 GPRS 功能指令：

RLGSE：CELL=XXX；

4.2 EDGE 基本原理

4.2.1 EDGE 的基本概念

EDGE（Enhanced Data Rates For GSM Evolution），可以理解为增强型 GPRS。为了在现有蜂窝系统中提供更高的数据速率，EDGE 引入了多电平调制方式——8PSK 调制。这种调制方式能提供更高的比特率和频谱效率，且实现复杂度属于中等。

EGPRS 定义了 9 种编码、调制方案，并且采用了自适应编码、自适应调制方式。

由于信道质量是时变的，为了保证链路的鲁棒性，有必要进行链路质量控制。链路质量控制技术包括链路匹配和逐步增加冗余度两个方面。

1．GPRS 与 EGPRS 基本参数的比较

GPRS 与 EGPRS 基本参数的比较如表 4.2 所示。

表 4.2　　　　　　　　　　　GPRS 与 EGPRS 基本参数的比较

	GPRS	EDGE
Modulation	GMSK	GMSK/8-PSK
Modulation bit rate	207kbit /s	810kbit /s
Radio data rate per time slot	22.8kbit /s	69.2kbit /s
编码方式	CS1 ~ CS4	MCS1 ~ MCS9
User data rate per time slot	20kbit/s（CS4）	59.2kbit /s（MCS9）

2．GPRS 与 EDGE 速率比较

GPRS 与 EDGE 速率的比较如图 4.5 所示。

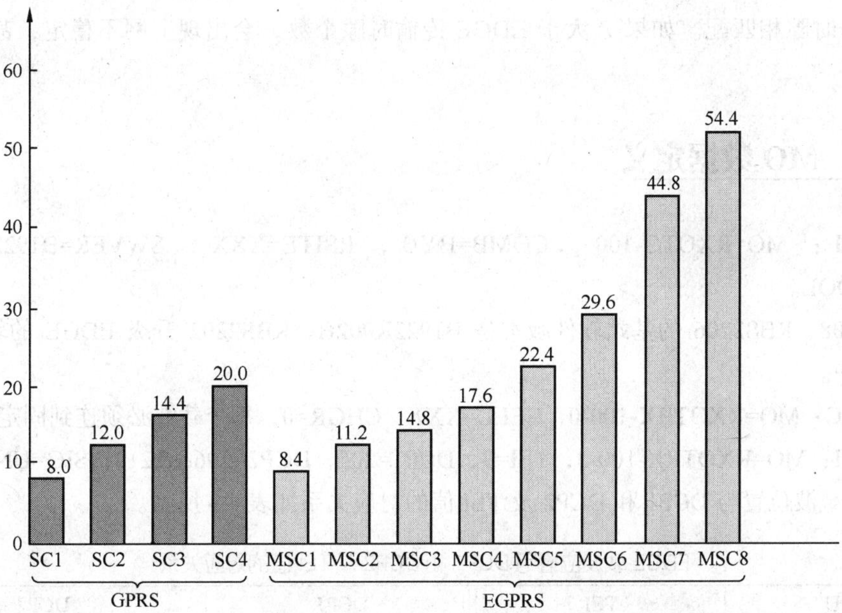

图 4.5　GPRS 与 EDGE 速率比较

3．硬件要求

目前能够支持 EDGE 功能的基站硬件主要有微蜂窝 RBS2308 和宏蜂窝 RBS2206/2106，但是现网上使用的大多数设备都是 RBS2202 和微蜂窝 RBS2302 等，它们都不可以支持 EDGE 功能。

对此，爱立信提出了解决方案：RBS2202 在原来的基础上通过硬件更换和软件升级，可以支持 EDGE 功能而 RBS2302 只能更换成 RBS2308 才能支持 EDGE 功能。

4.2.2　对原来 RBS2202 基站的改造

更换新的 DXU-21A；更换或增加一定数量的 STRU。

4.2.3　软件支持

对 RBS2202，基站软件版本需升级为 B3991R004F 或以上；

对 RBS2206/2106 和 RBS2308，基站软件版本需升级为 B1922R002H 或以上。

4.2.4 小区数据定义

RLDGI：CELL=XXX，CHGR=Y。

多定义一个 CHGR，这个 CHGR 是给 EDGE 专用的，这个 CHGR 的频点必须是普通的频点，因为 EDGE 不支持 EGSM 频点。

RLCFI：CELL=XXX，CHGR=Y，DCHNO=89；

定义一个 EDGE 频点，如果有两 2 个 EDGE 载波，则需定义 2 个 EDGE 频点。

RLBDC：CELL=XXX，CHGR=Y，NUMREQEGPRSBPC=Z；配置 EDGE BPC，其数目 Z 与业务传输时隙相匹配。如果 Z 大于 EDGE 传输时隙个数，会出现上网不稳定，甚至掉线的情况。

4.2.5 MO 数据定义

RXMOI ： MO=RXOTG-100 ， COMB=HYB ， RSITE=XXX ， SWVER=B1922R002H ，TRACO=POOL。

RBS2308、RBS2206 的基站软件版本是 B1922R002H，RBS2202 升级 EDGE 的软件版本是 B3991R004F。

RXMOC：MO=RXOTRX-100-0，CELL=XXX，CHGR=0；每个载波必须连到固定的 CHGR。

RXMOI：MO=RXOTRX-100-3，TEI=3，DCP1=205，DCP2=206&&213，SIG=UNCONC；

EDGE 载波位置与 DCP1 和 DCP2 及 TEI 值的对应关系如表 4.3 所示。

表 4.3　　EDGE 载波位置与 DCP1 和 DCP2 及 TEI 值的对应关系

TRU	TEI	DCP1	DCP2
TRU-0	0	178	179&&196
TRU-1	1	187	188&&195
TRU-2	2	196	197&&204
TRU-3	3	205	206&&213
TRU-4	4	214	215&&222
TRU-5	5	223	224&&231
TRU-6	6	232	233&&240
依此类推……			

RXTCI：MO=RXOTG-100，CELL=XXX，CHGR=Y；将 EDGE 专用的 CHGR 与 CELL，TG 相连。

RXAPI：MO=RXOTG-100，DEV=RBLT-13&&-20，DCP=13&&20，RES64K；定义 EDGE 的业务传输时隙。因为 EDGE 的业务信道的速率是 64kbit/s，因此必须定义一定的传输时隙用来传送 EDGE 数据业务，一个 STRU 最多需要 8 个 64K 业务时隙。

一个 EDGE 载波最多能定义 8 个 EDGE 时隙，但如果不需要开启这么多个 EDGE 时隙时，其他时隙可以当作普通 TCH 使用。

4.3 EDGE 无线网络的优化

4.3.1　网络性能评估分析流程

网络性能评估分析流程如图 4.6 所示。

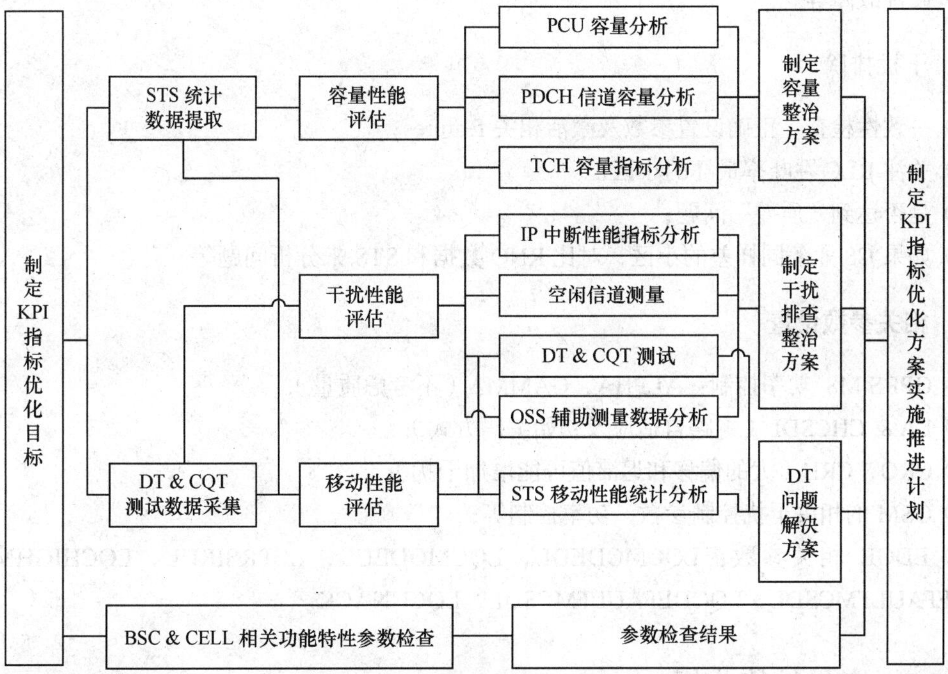

图 4.6　网络性能评估分析流程

4.3.2　干扰性能分析

1．信息来源

① STS 统计（RLC 吞吐率，重传，CS 性能指标等）；
② DT 测试数据（C/I，RLC 吞吐率，信号强度等）；
③ 网络配置信息（参数设置，特性功能使用，小区规划等）；
④ 其他辅助工具（例如 RNO 的干扰测量记录）。

2．媒介干扰

低吞吐率（EDGE 的 CS-3/4 比 CS-1/2 更加敏感）。

3．强干扰

① 较差的小区重选性能；

② 无线通信中断（无线“掉话”）；
③ Window stalling（较多重传）。

4．造成干扰的因素

① 上行或下行网内干扰——差频率规划；
② 外部干扰；
③ 参数设置不合理——越区覆盖，MS 登录“错误”的小区；
④ 硬件故障等。

5．干扰排除

① 一致性检查，正确设置参数及激活相关 features；
② 关注 RLC 吞吐率最坏的小区；
③ 是否达到“质差”问题；
④ 如果 CS 业务同样差的小区，对比 RNO 数据和 STS 来分析问题等。

6．相关参数设置

① GPRS MS 功率控制：ALPHA，GAMMA（不考虑质量）；
② LA & CHCSDL（链路自适应及初始编码方式）；
③ CRO，CRH（大的偏移和迟滞值可能增加干扰）；
④ GSM 的相关干扰控制参数，功率控制等；
⑤ EDGE 相关参数：LQCMODEDL，LQCMODEUL，EGPRSIRUL，LQCHIGHMCS，LQCDEFAULTMCSDL，LQCDEFAULTMCSUL，LQCUNACK。

4.3.3 容量性能分析

1．信息来源

① 网络容量配置（HW 配置，参数设置，features 的使用）；
② STS 统计（GSL 利用率，可用 PDCH，信道共享）。

2．容量问题造成的影响

（1）可用 PDCH 不足
① IP 吞吐率低；
② 由于清空使得数据传输中断；
③ 根本没有信道可服务。
（2）高的 PDCH 共享因子
IP 吞吐率低。
（3）PCU 容量受限
① GSL 设备不足；

② RPP 拥塞。

（4）CCCH 拥塞

CS 信令比 PS 优先。

（5）多时隙复用

① MS 能力（multislot class）；

② PSET 的预留模式（是否有连续的信道）；

（6）缺乏 Abis 资源

On-demand E/GPDCH 分配失败。

3．影响 PDCH 容量的参数

（1）GPRS 参数

① FPDCH；

② PDCHPREEMPT；

③ TBFxLLIMIT。

（2）CS 参数

① SAS（Single slot allocation strategy）；

② FR/HR parameters；

③ CLS parameters；

④ SDCCH configuration；

⑤ GPRSPRIO。

4．PDCH 容量的解决措施

（1）CS 话务均衡

① HCS，不同层小区尽量分开 CS 和 PS 业务；

② CLS，尽量分担小区的 CS 话务出去；

③ Halfrate，开启半速率解决拥塞问题。

（2）SDCCH 重配置

小区内 SDCCH 信道集中在某载波上，使得空闲信道在 PEST 里面保持连续集中；

（3）GPRS 参数优化

① 设置更多的 FPDCH；

② GPRSPROI 和 PDCHPREEMPT 设置保护 PDCH，尽少被清空。

（4）增加新的 TRU

5．PCU 容量的解决措施

（1）参数 PILTIMER 的优化

① 设置较大时，空闲的 On-demand 信道保持时间更长，更多的 GSL 被占用；

② 设置较小时，更多的 On-demand 信道被分配，频繁分配造成 CPU 负荷高。

（2）增加更多的 RPP 板

RPP 扩容。

（3）专用的信道是否在用
减少空闲的 FPDCH 数目。
（4）TBFxLLIMIT 参数优化
① 设置较大时，信道共享给更多用户，导致数据带宽变小；
② 设置较小时，需要分配更多的 PDCH 信道，造成 RPP 负荷高。

6. 影响 CCCH 容量的参数

（1）BCCHTYPE（SDCCH/8）
（2）IMSI 或者 TMSI 寻呼
（3）保留模块 AGBLK
（4）寻呼周期的长度 MFRMS
（5）LA 的规划

7. CCCH 容量的解决措施

（1）使用 TMSI 寻呼（TMSIPAR）
（2）重划分 LA/RA 大小和边界
（3）MFRMS 参数调整
设置小可以减少寻呼拒绝次数。

4.3.4 移动性能分析

1. 信息来源

（1）DT 测试数据
小区重选时，耗时、信号质量、邻区信号强度等；
（2）STS 统计
RA/PCU 之间或之内的小区重选，缓冲器清空次数等；
（3）Gb 接口数据
用信令分析仪收集 Gb 接口的数据进行小区重选分析。

2. 影响移动性能的参数

（1）小区重选参数：CRO，CRH，PT，TO，ACCMIN。
（2）使用网络辅助小区重选功能；NACCACT。
EDGE 相关的 BSC 无线特性参数和小区级相关的无线特性参数如表 4.4 和表 4.5 所示。

表 4.4　　EDGE 相关的 BSC 无线特性参数

特　性	简　介	缺 省 值	推 荐 值
LQCACT	上下行 LQC	0，上/下行 LQC 不打开	3，上下行 LQC 打开
LQCIR	下行 LQC 采用 LA/IR 模式还是 LA 模式	1，LA/IR 模式	1，LA/IR 模式

续表

特　性	简　介	缺 省 值	推 荐 值
LQCDEFAULTMCSDL	下行 LQC 关闭时，编码方式 MCS 缺省值	5，MCS-5	5，MCS-5
LQCDEFAULTMCSUL	上行 LQC 关闭时，编码方式 MCS 缺省值	3，MCS-3	5，MCS-5
LQCHIGHMCS	编码方式 MCS 最大值	9，MSC-9	9，MSC-9
LQCUNACK	ELQC 功能即或后，在 UNACK 模式下编码方式的选择	1，LQC 采用的编码方式减 1	1，LQC 采用的编码方式减 1
PSETCHKPERIOD	FPDCH 信道检查周期，尽量分在最佳的 TCH 上	5，5min	5，5min
GPRSNWMODE	GPRS 网络模式	2，无 Master PDCH，无 Gs 接口	2，无 Master PDCH，无 Gs 接口
PILTIMER	空闲 On-Demand PDCH 变成 TCH 的时延	20，20s	10，10s
PDCHPREEMPT	CS 业务忙时，预清空 PDCH 信道的方式	0，任何 On-Demand PDCH 都可能被清空	1，不清空承载 TAI 的信道，至少给用户保留 1 个信道
GPRSPRIO	GPRS 优先级	0	1，半速率算法认为信道为忙
TBFDLLIMIT	每个 PDCH 上，同时最多 TBF 数目	2，最大值为 8	2
TBFULLIMIT	每个 PDCH 上，同时最多 TBF 数目	2，最大值为 6	2
DYNULDLACT	动态上下行资源分配	0，打能未打开	1

表 4.5　　　　小区级相关的无线特性参数

序号	参 数 名	参 数 值	意　义	推 荐 设 置	CELL_type
1	FPDCH	0-8	专用信道数目		
2	PDCHALLOC	First	FPDCH 优先占用 BCCH 载频		
		Lsat	FPDCH 优先占用非 BCCH 载频	Last	EDGE
		Nopref	不定义优先级别	Nopref	GPRS
3	LA	ON	激活链路自适应功能	ON	EDGE
		OFF	不激活链路自适应功能		
4	CHCSDL	CS-1/2/3/4	DL　初始编码方式	CS-2	EDGE
		NA	使用交换属性默认编码方式		
5	PSKONBCCH	Enabled	BCCH　载频支持 8-psk	Enabled	GPRS&EDGE
		Disabled	BCCH　载频只支持 GMSK		
6	GAMMA	0-62	输出功率调节控制	18	GPRS&EDGE
7	ECSC	Yes	允许及早发送手机级别	Yes	GPRS&EDGE
		No	不允许及早发送手机级别		
8	CRH	0-14	小区重选迟滞值		

4.3.5 优化案例

1．优化案例 1——PCU 拥塞率优化

PCU 拥塞率如图 4.7 所示。

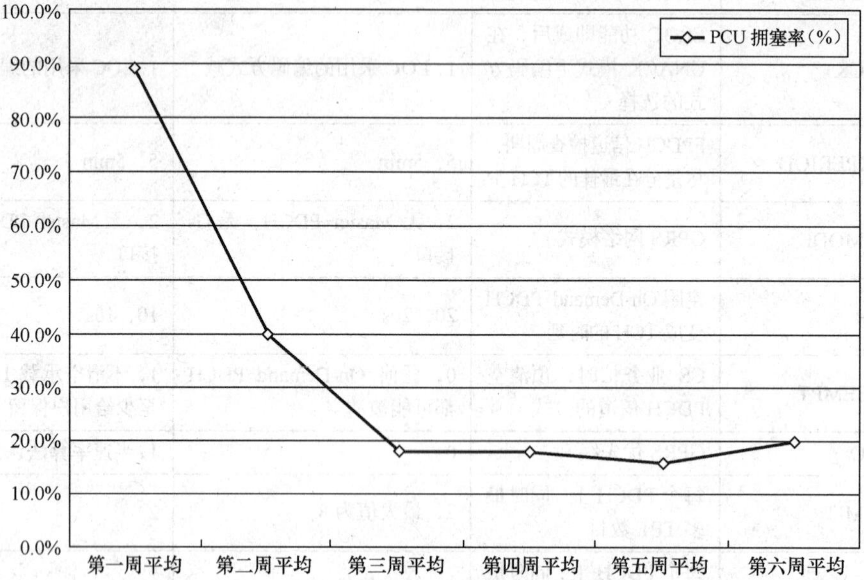

图 4.7　CQG17B2　PCU 拥塞率（%）

优化措施如下。

① BSC 属性参数 PILTIMER 值的修改，由 20→10，缓解 PCU 的负荷工作。

② 解闭不合理闭掉的 RPP 设备，增加 PCU 容量，缓解 BSC PCU 拥塞严重的情况。

③ 修改 GPRS 路由区的周期性更新时钟（SGSN 中的 Reachable_timer），由之前的 54min 改为 70min。

④ 减少不必要的 FPDCH 信道。

⑤ 设备利用率：GSLUTIL/GSLSSCAN，PCU 的 GSL 设备利用率；反映 BSC 的设备占用的重要指标，可用作 PCU 扩容的重要参考指标。

⑥ 可用设备数：GSLMAX/GSLSSCAN，以 GPRS 的 16k 的 GSL 设备为单位，BSC 的能用的设备数（包括 idle 和 busy 的设备）。

⑦ 设备利用率保持在 75%以下为佳。

⑧ 通过忙时最大设备数与设备利用率的计算，求出忙时平均使用的 GSL 数目，然后结合设备利用率的目标值 75%来计算忙时平均的最大 GSL 数目，再根据 RPP 容量来做扩容需求。

⑨ 优化前设置：LQCACT 原值为 1，即激活下行 EDGE 链路质量控制功能，而上行关闭。

⑩ QCDEFAULTMCSUL 原值为 3，即上行初始编码方式为 MCS-3。

⑪ QCACT 设为 3，激活上、下行 EDGE 链路质量控制，系统根据无线链路质量的变化而分配相适应的编码方式。

2. 优化案例 2——PCU 性能预警——扩容

优化措施如下。

① 设备利用率：GSLUTIL/GSLSSCAN，PCU 的 GSL 设备利用率；反映 BSC 的设备占用的重要指标，可用作 PCU 扩容的重要参考指标。

② 可用设备数：GSLMAX/GSLSSCAN，以 GPRS 的 16k 的 GSL 设备为单位，BSC 的能用的设备数（包括 idle 和 busy 的设备）。

③ 设备利用率保持在 75%以下为佳。

④ 通过忙时最大设备数与设备利用率的计算，求出忙时平均使用的 GSL 数目，然后结合设备利用率的目标值 75%来计算忙时平均的最大 GSL 数目，再根据 RPP 容量来做扩容需求。

3. 优化案例 3——LQC 功能的激活

优化前设置：LQCACT 原值为 1，即激活下行 EDGE 链路质量控制功能，而上行关闭；LQCDEFAULTMCSUL 原值为 3，即上行初始编码方式为 MCS-3；LQCACT 设为 3，激活上、下行 EDGE 链路质量控制，系统根据无线链路质量的变化而分配相适应的编码方式。

EDGE 上行速率变化趋势如图 4.8 所示。

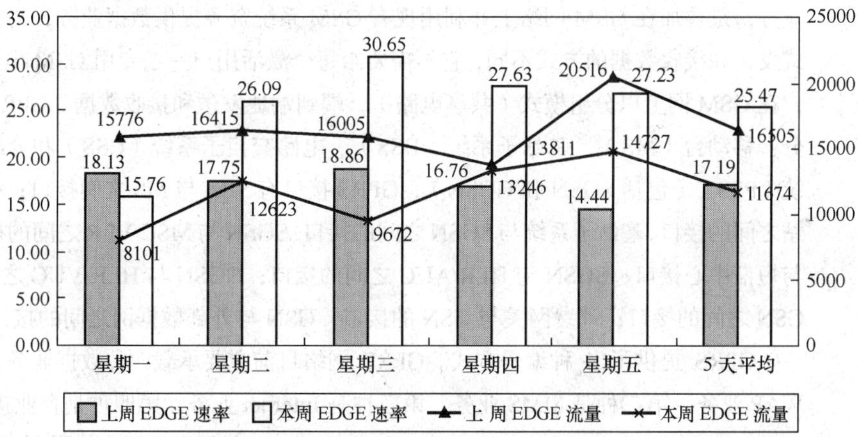

图 4.8 EDGE 上载速率变化趋势（JYCBSC1）

4. 优化案例 4——参数 CRH 的巧用

CRH 优化前后 EDGE 速率变化趋势如图 4.9 所示。

优化措施如下。

① 小区重选采用 C2 算法，CRH 的意义在重选算法中起迟滞作用，其算法公式为：C2 邻−C2 主>CRH 主，且超过 5s，即达到重选要求。

② CRH 的作用发生在两种情况下：GPRS 的 Ready 状态；发生在不同 LA/RA 之间的小区重选。

③ 调整原则：数据速率高而且信道资源足够的小区，其 CRH 应设置较大些，反之应设置较小些；从 STS 统计指标来判断数据速率水平是高或是低，信道资源是足够或是不足。

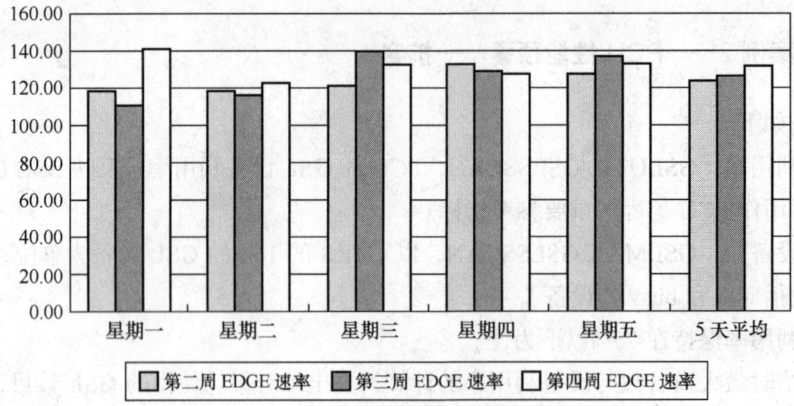

图 4.9 CRH 优化前后 EDGE 速率变化趋势（C2）

本章小结

首先是 GPRS 的基本概念，GPRS（General Packet Radio Service）即通用无线分组业务，是叠加在 GSM 网络上并利用现有 GSM 系统资源提供数据业务，与目前电路模式发送和接收数据的方式不同，它不需要给每个激活用户一条专用 GSM 电路，允许用户在 GSM 网上以分组模式（共享电路），端到端地发送和接收数据。GPRS 分为四部分：移动台（MS）、基站子系统（BSS）、电路交换子系统（CSS）和分组交换子系统（PSS）（包括 SGSN 和 GGSN），GPRS 接口有 SIM 与 MS 之间接口；移动台与基站之间的接口；基站子系统与 SGSN 之间的接口；SGSN 与 MSC/VLR 之间的接口；SGSN 与短信中心接口；SGSN 与 HLR/AUC 之间的接口；GGSN 与 HLR/VUC 之间的接口；GSN 之间的接口；计费网关与 GSN 的接口；GSN 与外部数据网之间的接口。

GPRS 提供了 4 种编码方式。GPRS 网络目前主要承载四种数据业务，第一种是 WAP 业务，第二种是 MMS 业务，第三种是 Internet 业务，第四种是企业接入业务。

EDGE（Enhanced Data Rates For GSM Evolution）可以理解为加强型 GPRS。为了在现有蜂窝系统中提供更高的数据速率，EDGE 引入了多电平调制方式——8PSK 调制。这种调制方式能提供更高的比特率和频谱效率，且实现复杂度属于中等。

EDGE 定义了 9 种编码、调制方案，并且采用了自适应编码、自适应调制方式。对 GPRS 与 EDGE 的基本参数、GPRS 与 EDGE 速率进行了比较。

目前能够支持 EDGE 功能的基站硬件主要有微蜂窝 RBS2308 和宏蜂窝 RBS2206/2106，但是现网上使用的大多数设备都是 RBS2202 和微蜂窝 RBS2302 等，它们都不可以支持 EDGE 功能。对原来 RBS2202 基站进行改造，更换新的 DXU-21A，更换或增加一定数量的 STRU。软件支持上，对 RBS2202，基站软件版本需升级为 B3991R004F 或以上；对 RBS2206/2106 和 RBS2308，基站软件版本需升级为 B1922R002H 或以上。介绍了小区数据定义和 MO 数据定义。

最后介绍了 EDGE 无线网络的优化，主要包括网络性能评估分析流程，干扰性能分析（包括信息来源，媒介干扰，强干扰，造成干扰的因素，干扰排除和相关参数设置），容量性能分析，移动性能分析。介绍了四个优化案例：优化案例 1，PCU 拥塞率优化及优化措施；优化案例 2，PCU 性能预警—扩容及优化措施；优化案例 3，LQC 功能的激活；优化案例 4，参数 CRH 的巧用及优化措施。

习题和思考题

1. GPRS 是什么？
2. GPRS 技术产生的背景是什么？
3. 画出 GPRS 系统的简化模型。
4. GPRS 中 GSN（支持节点）的作用是什么？
5. 与 GSM 相比较 GPRS 有何技术优势？
6. 目前 GPRS 技术的局限性有哪些？
7. GPRS 与二代、三代移动通信系统的关系？
8. 简述 GPRS 系统的空间接口的信道构成。
9. EDGE 是什么？
10. EDGE 无线网络的优化可从哪几个方面来分析？

第5章 直放站及其覆盖系统

5.1 覆盖设计

5.1.1 电波传播损耗预测模型与中值路径损耗预测

设计无线通信系统时，首要的问题是在给定条件下如何算出接收信号的场强，或接收信号中值。这些给定条件包括发射机天线高度、位置、工作频率、接收天线高度、收发信机之间距离等。这就是电波传播的路径损耗预测问题，又称为信号中值预测。这里的信号中值是长区间中值。

场强估算模型有 Okumura 模式（OM 模型）、Egli 模型和 Bullingron（BM）模型等。其中 OM 模型是以日本东京市场强中值实测结果的经验曲线构成，将城市视为“准平滑地形”，给出城市场强中值，对于其他地形或地物情况，则给出修正值，在场强中值基础上进行修正。OM 模型适用范围：频率为 100 ~ 1 500MHz；基站天线高度为 30 ~ 200m；移动台天线高度为 1 ~ 10m；传播距离为 1 ~ 20km。

5.1.2 传播模型的选用及修正

移动通信网的网络规划中需要选用传播模型，由于各地的传播环境不同，应用时需选择适合本地环境的模型，还需对其加以修正，通过对模型的修正，来提高预测的精度。修正需进行实地测试，通过测试获得进行模型修正的数据，然后用测试结果修正模型中相关参数，使预测结果更接近于当地实际情况。常用的传播模型如表 5.1 所示。

表 5.1　　常用的传播模型

序　号	传播模型	应用范围	预测范围	比　较
1	Okumura	150 ~ 1 500MHz 天线高度 30 ~ 200m	1 ~ 20km	基站密度大时预测值偏高
2	COST231	800 ~ 2 000MHz 天线高度 4 ~ 50m	0.02 ~ 5km	适合站距近，但考虑地形及地面要素不足
3	Keenan-Motley	室内		适合室内
4	通用校正模型	50 ~ 2 000MHz 天线高度≤100m	0.1 ~ 100km	

5.1.3　基站覆盖预测

在规划中根据链路预算和传播模型对基站覆盖区域作出预测：检验覆盖区内质量是否达到预期目标，覆盖区内是否还有“盲区”，是否由于邻小区场强过高，交叉覆盖造成“孤岛”，检查切换区是否分布在高话务密度区域。

影响基站覆盖的主要因素有使用的频率、服务质量要求、发射机输出功率、接收机可用灵敏度、使用的天馈线、通信地点的传播环境、选用的传播模型等。

覆盖预测是将已选择的基站站址和参数输入规划软件，由计算机仿真来完成。网络建成后，要通过路测对规划进行检验，并针对路测中发现的不足，通过调整该地区基站数、站址等进行网络调整和优化，以达到预期目标。

为了保证通信，需要满足双向间 MS 和基站最低接收灵敏度的要求。由于基站和 MS 发射功率、接收灵敏度不同，因此在系统仿真前，必须进行链路均衡，如上行信号覆盖大于下行信号覆盖，小区边缘下行信号较弱，易被其他小区的信号“淹没”；如下行信号覆盖大于上行信号覆盖，MS 被迫守候在强信号下，但上行信号太弱，语音质量不好。上下行功率平衡并不意味着绝对相等。

5.2　直放站的概念

在移动网络中，“直放站”是这几年兴起的一个名词、一种设备。随着网络覆盖的不断增强和用户对网络要求的不断提高，直放站应用于很多适当的场合，得到了广泛地应用。可以说，直放站已成为移动网络设备中的一个重要部分。因此，直放站的运行状况已直接地影响到了网络质量。所以，在网络优化中，我们要注意直放站对网络的影响，要对直放站进行必要的检测，特别是网络变频之后，由于无线环境的改变，直放站出现的问题会更多。下面介绍直放站及其覆盖系统。

直放站，即是用于对无线信号进行中继放大转发的设备。在移动网络中，直放站是对宏基站的信号进行放大，而不是放大微蜂窝之类的信号。在这里就存在一个“施主小区”的概念，所谓施主小区，即是信号被直放站进行放大的小区。

5.2.1　直放站的用途

在移动通信网络中，可以通过使用各类直放站解决边远道路、小住宅区以及室内覆盖盲区，扩大覆盖范围。特别是这一两年，直放站得到了迅速地发展。直放站应用的环境有：高楼电梯、酒吧、娱乐广场、商场、酒店、工厂、有小段盲区的公路、铁路或者隧道以及小住宅区。也有文章提出“偏远地区也可以通过直放站来解决网络覆盖”，这是不合实际的。因为，直放站放大信号的条件是它接收到的施主小区的信号大于-75dBm 以上，如果信号低于-80dBm 或更弱则无法进行再放大，即使可放大也效果很差，而对于偏远村庄，连信号都没有或者信号很弱（小于-90dBm），这样，直放站根本就不起作用。而这里所讲的“小住宅区”，只是说刚好在小山凹或者被小山阻挡的十几户的小村以及市区中楼房密集的小住宅区。所以，在做网络普查提建议时，就要注意这点了。

5.2.2 直放站的分类

直放站可以室内安装，也可以室外安装。对于道路或者小村庄，直放站就是室外安装；而市区、城镇中的直放站基本是室内安装。直放站可分选频直放站和宽频直放站。选频直放站有 2 选频、4 选频、6 选频及 8 选频；而宽频直放站可以是整个 900MHz 频段的放大，也可以是 900MHz 频段中的某一频段。

选频直放站的价格与多少选频是相关的，2 选频最便宜，选频数越多则越贵。所以，选取选频直放站时要考虑用户类型、话务量以及施主小区的频点数。

直放站的功率是不同的。对于高楼电梯、大商场或其他较大面积的室内覆盖，由于分布系统覆盖范围大、损耗大，一般需要 33dBm 满功率输出的直放站；而对于小酒吧之类，则可以选用低功率直放站。

直放站具体分为：

室外型直放站有以下几种。

① 室外型无线宽带射频式直放站。

② 室外型无线载波选频式直放站。

③ 室外型光纤直放站。

室内型直放站有以下几种。

① 室内型无线宽频直放站。

② 室内型无线选频直放站。

5.2.3 各种直放站对比

1．无线直放站

无线直放站包括宽带和载波选频直放站，如图 5.1 所示。

2．室外光纤直放站（如图 5.2 所示）

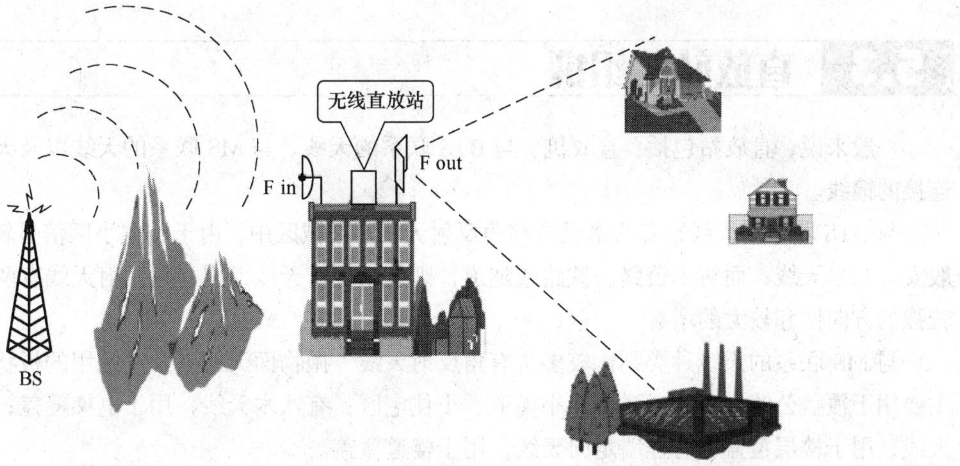

图 5.1　无线直放站

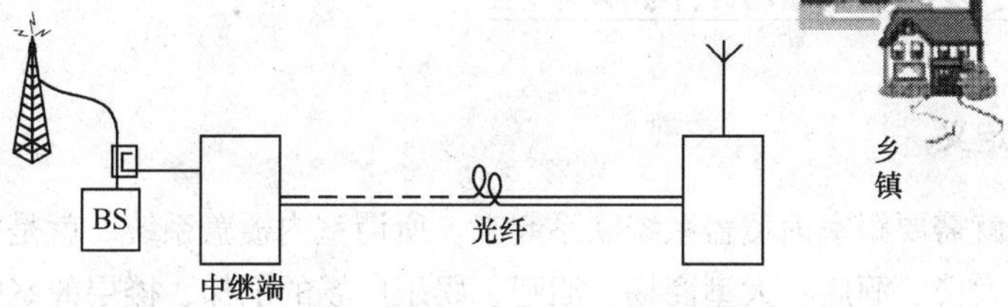

图 5.2　室外光纤直放站示意图

3．室内直放站（如图 5.3 所示）

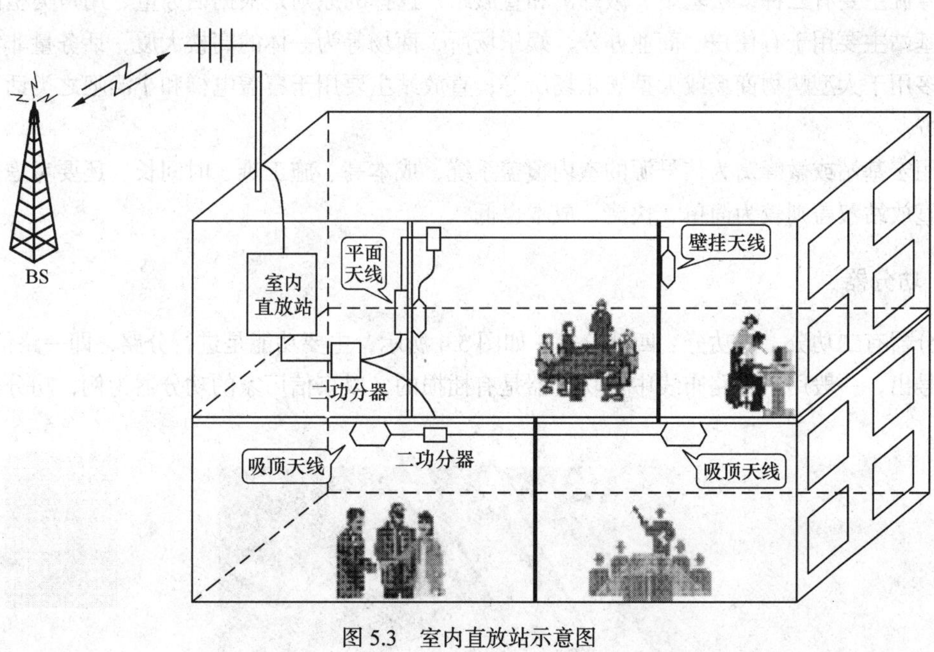

图 5.3　室内直放站示意图

5.3 直放站的组成

一般来说，直放站包括：直放机、与 BTS 联系的天线、与 MS 联系的天线以及天线与直放机连接的馈线。

与 BTS 联系的天线，有八木天线和角反射天线。在城区中，由于施主小区信号较强，所以一般安装八木天线；而对于公路、铁路或隧道，则是角反射天线，因为角反射天线有两个好处，有较强的方向性和较大的增益。

与 MS 联系的天线种类则比较多，有角反射天线、抛物面天线以及基站用的板状定向天线，主要用于覆盖公路、道路、隧道或小街道、小住宅区；有八木天线，用于电梯覆盖；有吸顶全向天线，用于楼层覆盖；有挂墙定向天线，用于楼道覆盖。

另外，直放站的天线以及室内覆盖系统用的天线都是收/发共用的，并且不能采用分集接收。

5.3.1 室内覆盖系统的结构和原理

1．室内覆盖定义

讲到直放站，就需要跟室内覆盖系统联系起来。所谓室内覆盖系统，就是对高楼大厦、政府机关办公楼、住宅大楼、酒店、大型商场、酒吧、娱乐广场的电梯、楼层的室内进行覆盖。

其硬件构成主要有：信号源、功分器、耦合器、天线、馈线以及干线放大器等。

2．室内覆盖系统的信号源

信号源主要有三种，宏基站、微蜂窝和直放站，选择的原则是根据话务量、用户类型而定。

宏基站主要用于有住户、商业办公、娱乐场所、商场等为一体的高楼大厦，话务量非常大；微蜂窝多用于大型购物商场或大型娱乐场所等；直放站主要用于覆盖电梯和小酒吧之类话务量不高的地方。

采用宏基站或微蜂窝为信号源的室内覆盖系统，成本高、施工难、时间长，还要考虑传输问题；而直放站覆盖则较为简单、快捷、成本也低。

3．功分器

功分器有二功分、三功分、四功分等，如图 5.4 所示，主要功能是进行分路，即一路信号进、多路信号出，一般用于分路布线中。功分器是有插损的，以京信厂家的功分器为例，功分器插损如下。

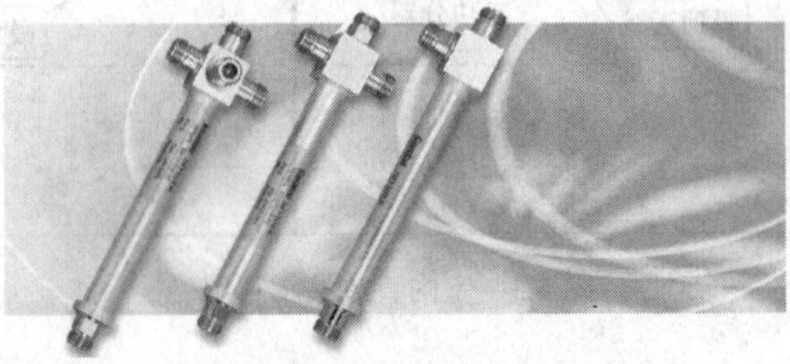

图 5.4　二功分、三功分、四功分的功分器实物图

二功分：≤3.1dB

三功分：≤5.1dB

四功分：≤6.1dB

耦合器是一路信号进、两路信号出，其中一路是直接通过，而另一路是进行耦合、衰减，主要用于主干布线中，如图 5.5 所示。耦合器有 3dB、6dB、10dB、15dB、30dB 耦合等，耦合器除了耦合、衰减外，自身还有插损，不过相对较小，以京信厂家的耦合器为例，耦合器插损如下。

6dB 耦合器≤1.3dB

10dB 耦合器≤0.6dB

15dB 耦合器≤0.5dB

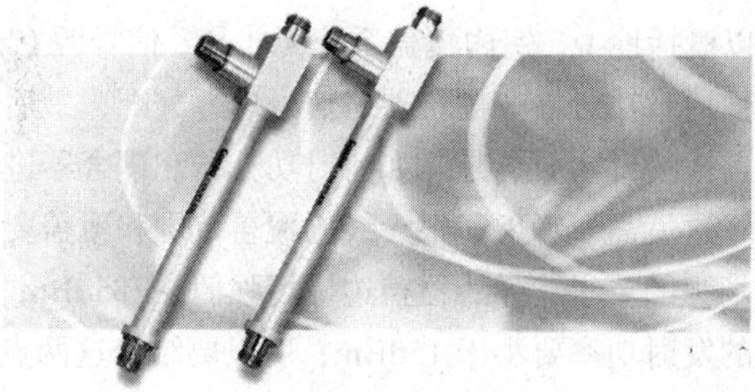

图 5.5　耦合器实物图

在室内覆盖系统中，使用最多的天线是吸顶全向天线，主要是进行楼层覆盖，如图 5.6 所示。室内覆盖中的天线增益很小，只有 2dBi 左右，所以覆盖范围也很小，一根吸顶全向天线大约可覆盖几间房或者一二百平方米内，如有阻挡则会更小。另外，为保证电梯门开/关时信号的稳定，一些电梯门口也安装吸顶全向天线。

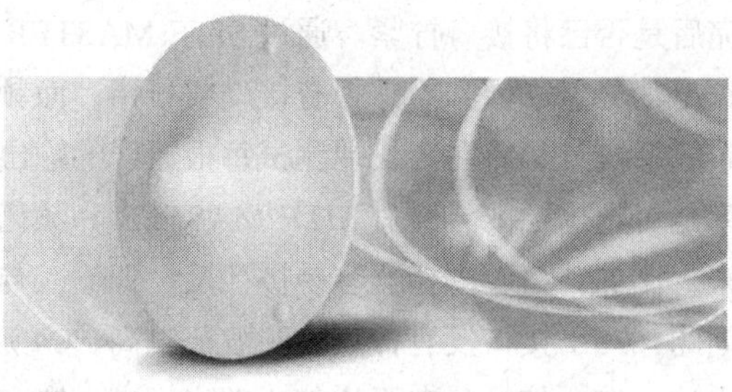

图 5.6　吸顶全向天线实物图

对于电梯，安装八木天线进行覆盖，如图 5.7 所示。八木天线的增益比吸顶全向天线的大，有 10dBi 以上，一根八木天线可覆盖七八个楼层左右的电梯。在这里需要说明的一点是，有的人以为八木天线是安装在电梯上与电梯同时升降的，其实不然，进行电梯覆盖的八木天线是安装在大楼电梯井内的墙壁上。八木天线也是定向天线，所以说，八木天线要么是向上安装要么是向下安装，而没有两根八木天线相向或背向安装的。比如，一栋楼有 12 层，那么一根八木天线就安装在 12 楼往下覆盖，而另外一根则是大约安装在 6 楼往下覆盖；或者是，一根安装在 1 楼往上覆盖，另外一根则安装在 6 楼往上覆盖；而不会是两根八木天线同时安装在 6 楼分别向上/向下覆盖。

馈线分 7/8“硬馈线和 1/2”软馈线，武邮（厂家）还有细小的跳线。7/8“硬馈线用于长距离的主干布线，1/2”软馈线则用于分路布线，而细小跳线是用于连接室内天线和软馈线。京信、阿尔创（厂家）的 1/2 “软馈线直接与吸顶全向天线相连；而武邮的 1/2” 软馈线还需经一根细小的跳线再与天线相连；两种安装、连接方法都有各自的好处。

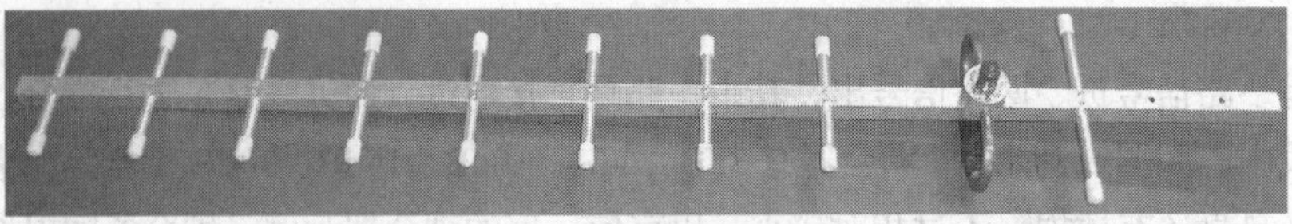

图 5.7　八木天线实物图

如果室内覆盖系统很大，功分器、耦合器很多，馈线很长，信号衰减很大，当将覆盖范围延伸时，就需要在干线上安装干线放大器将信号进行再放大。不过安装干线放大器之后，也就引入了一定的噪声电平，所以它的安装与运行质量也将影响整个室内覆盖系统的信号质量。

通过以上的介绍，可以概括地说，室内覆盖系统无非是：信号源（宏基站、微蜂窝或直放站）发出的信号经馈线传送，而通过功分器、耦合器对信号进行分配，最后经天线将信号分布、发射出去。所以，设计室内覆盖系统最主要的是，如何对功分器和耦合器进行合理地配置而将信号均匀地分布到室内每个角落，这就需要考虑每根天线的覆盖范围和覆盖要求了。按照省移动公司有关室内分布系统覆盖边缘场强的要求，无线覆盖边缘场强值在-85dBm 以上；而根据国家环境电磁波卫生标准，室内天线的发射功率要小于 15dBm；所以要结合这两点因素，来配置功分器、耦合器和室内天线。

室内覆盖主要指标：信号强度大于-85dBm，误码（信号质量）小于 3，全向天线 VSWR 小于 1.3，八木天线 VSWR 小于 1.4。在基站系统中，驻波比（VSWR）小于 1.2，但在室内覆盖系统中，由于接口较多，加上对天线的特别要求，所以，对驻波比的要求较低。

室内覆盖布线调测所需工具主要有 SITE MASTER 和频谱仪。整个布线系统有多个耦合器和功分器，每一段馈线连接都要测量驻波比。用 SITE MASTER 由天线侧开始逐段测试，这样也可以检查到前一个测试点测完后是否已将接口拧紧。通过 SITE MASTER 测量驻波比可检查各个接口是否接好，同时也可检查出功分器、耦合器是否有接反或接错；而频谱仪是用于开通测试，即模拟产生一个信号源接入布线系统，然后在天线端测试每根天线的输出功率是否符合设计、是否达到覆盖要求或者输出功率是否超出标准。经过 SITE MASTER 和频谱仪测试之后，布线系统中如有问题都可以被检查出来，比如：（1）耦合器容易被接反，即输入与输出接反；（2）功分器、耦合器或天线本身有质量问题；（3）接口没有拧紧，驻波比过高；（4）功分器、耦合器或馈线长度没有合理配置或不符合设计，造成信号分布不均匀或超出标准。在布线系统中主要是以上几种问题，因此，在网络优化中，如果检测室内覆盖的信号有问题时，若确认信号源本身没有问题，就可从以上几点查找故障原因了。

5.4 直放站的安装

对于公路、铁路和隧道，直放站的安装就比较简单，首先是安装直放机，然后是找到接收施主小区信号最好的“制高点”安装与 BTS 联系的天线，接着是安装与 MS 联系的天线以覆盖所要覆盖的地方。对于这种偏远的室外直放站，由于供电不方便，一般采用太阳能供电，所以还称为“太阳能直放站”。

对于城区中的高楼电梯、楼层或大型娱乐广场、商场，若直放站应用于室内覆盖系统中，就相对比较复杂。与 BTS 联系的天线安装在楼顶或楼的墙壁上，原则上是接收施主小区信号最理想的地方；而此时，直放机放大的信号是通过室内覆盖系统分布出去的，室内覆盖系统主要由馈线以及馈线相连的功分器、耦合器构成，而天线最终将直放机信号发射出去（同时接收信号）。

还要指出的一点是，安装与 BTS 联系的天线需要特别注意，它的安装位置是否理想和安装质量如何，很大程度上直接影响了直放机放大信号的强度和质量。一般来说，天线最好是正对施主小区的方向，这样才可接收到最强的信号。但有时也需要根据现场环境来确定，比如，某一方向有干扰小区，天线就往另一方向移一下，以减小或避免干扰。时常会碰到类似情况，在楼顶天线处，测到的施主小区信号较强并且质量也很好，但是经直放机放大、经室内天线发射之后，信号误码很高、通话质量很差，检查直放机模块和室内覆盖系统都无问题，而最后将楼顶室外天线的安装位置移动一下之后，问题就得到了解决。

5.5 直放站对网络的影响

在前面已讲过，直放站已成为移动网络的一个重要部分，所以，它的运行状况将很大程度上影响着网络的服务质量。

5.5.1 产生的问题

对于宽频直放站，室外天线安装位置不理想时，直放站接收、放大的小区信号就很多，干扰就大，信号质量差，这样就容易造成质差掉话，并且影响用户的通话质量。

如果室外天线安装过高，宽频直放站则可能放大的是整个 900MHz 频段的小区信号，即在电梯里，可以收到所有小区的信号，这样就造成掉话率高、接通率低以及不必要的话务拥塞或切换失败等。

如果宽频直放站没有控制好而放大多个小区的信号，就会对其他小区的故障定位造成很大麻烦，比如，某个直放站的设计施主小区是 A，但直放站其实同时放大了 B、C、D、E、…… 小区的信号，当话务统计为 C 小区出现掉话率高或出现拥塞之类问题时，就只能是从 BSC 参数与 C 小区基站硬件上检查，但是一般不会考虑到是直放站的问题。

对于选频直放站，直放机的调频与施主小区的频点要一致，如果施主小区的频点进行了修改，则直放机要及时做调频，否则会造成信号不稳定、突然性弱信号掉话或者无信号等。

采用选频直放站进行电梯覆盖，如果施主小区的不强而其他小区的较强，当手机占用其他小区信号从门口进入电梯，电梯门关闭之后，信号马上变弱，如果来不及切换到直放站放大的施主小区时，则会产生突然性弱信号掉话。

直放机有上行衰减和下行衰减的设置，如里设置不合理就会造成上/下行信号的不平衡；如果下行衰减设置过大则会造成信号覆盖不足；如果上行衰减过小就会引起上行干扰。

随着系统运行时间的加长，直放机模块、功分器、耦合器、天线以及馈线则可能出现硬件故障，进而影响信号，如无信号或信号不稳定。

5.5.2 信号检测与故障定位

在网络优化中，对直放站及其覆盖系统的信号进行检测是必要的，特别是全网变频之后，这项工作尤为重要。信号检测的内容包括以下几方面。

① 直放站目前放大、占用的施主小区是否与设计施主小区一致。

② 放大之后，施主小区的信号质量如何，是否达到覆盖要求。

③ 对于宽频直放站，是否只占用一个主的施主小区，或者是否同时放大、占用了多个不合理的小区。

④ 对于选频直放站，直放机调频是否与施主小区的频点一致，是否有没被调频而放大的频点，或者是否调频产生偏移而放大了其他个别的频点信号。

⑤ 目前的施主小区是否合理，即要考虑目前施主小区的话务是否有拥塞，周围是否有新增的更理想的小区。

⑥ 手机持续通话时，从电梯门口进入电梯内或从电梯里走出电梯外，小区信号占用是否合理或者小区之间切换是否及时。

在网络优化中，对于直放站及其覆盖系统的故障定位，需要做的工作是确保施主小区的信号正常，其他的就交给直放站厂家去处理。比如，某个直放站是电梯覆盖，当在电梯内测到信号不强或者信号误码很高时，就要查找到直放站的室外天线，在该处对施主小区的信号进行测试，检查施主小区信号是否正常，如果信号质量很干净并且每个频点信号都很稳定，就说明是直放站或覆盖系统的本身问题。

当然，也不能只依赖直放站厂家来解决问题。通过前面的介绍，已经知道在直放站及其覆盖系统中，有哪些参数、哪些部件会影响到信号质量，因此，就可以一步一步地检测并做出相应的判断。比如，室外天线安装位置是否合理，有没有广告牌或玻璃的阻挡或反射；直放机的选频模块或其他模块是否坏掉；直放机的调频与施主小区的频点是否一致；直放机的上/下行衰减设置是否合理；直放机的输出功率是否足够；馈线之间的连接是否正常；是否有功分器或耦合器坏掉；干线放大器是否工作；室内天线是否有质量问题；等等。一步一步地查，如果这些都查清楚了，故障问题自然就查出来了。比如，某个直放站系统覆盖电梯和地下停车场，对地下停车场进行测试发现信号正常，但测试电梯内的信号时发现较弱，就可以判断是电梯覆盖系统出了问题，可能是功分器、耦合器配置不合理或者装反，也可能是输出功率不足，或者是馈线布线问题；又比如，某个直放站系统覆盖某个大型娱乐广场，测试结果为娱乐广场大厅的信号正常而有的包厢内无信号、无法通话、语音质量差或容易断线等，说明这是室内覆盖系统的问题，因为大厅、电梯的信号是正常的，说明直放机本身以及施主小区信号是没问题的，也可能是天线安装数量不够的原因，比如某个电梯有十几个楼层，但只在最高楼层安装一根八木天线，若某个包厢没有安装天线进行覆盖，就可能造成部分覆盖问题。

前面也讲过，对于直放站系统，室外天线安装位置是很关键的，安装位置是否理想将直接影响直放机放大之后的信号质量。比如某个直放站覆盖电梯，在室外天线处测到施主小区的信号较强并且质量很好，但是在电梯内测到的信号较弱并且有误码，经检查直放机没问题，后来将室外天线方向正对施主小区的方向之后电梯内的信号增强并且质量很好。另外，室外天线的安装位置不能靠近广告牌或玻璃，以避免受到反射干扰。

对于直放站室外天线的安装位置，建议采取"就低避高"原则。因为，如果直放站室外天线安装过高，则受网络无线环境的影响较大，特别是当全网变频后，街道的信号质量可以优化好，然而高楼层的频点干扰是很难克服、解决的。即使在安装直放站、选择施主小区的时候，小区的信号质量很好，但当网络频点变动时，直放站的施主小区的信号质量就很难控制了。如果室外天线安装在 10 楼以下或较低时，选择干净的信号源就较为容易。当然，有时会受到环境影响，如周围楼房阻挡等，这就需要进行综合考虑。

室内覆盖系统就是将信号源均匀、合理地分布出去，因此，如果直放机的输出功率不够或功分器和耦合器配置不合理时，就会造成有的角落覆盖不足的现象。比如，某个室内覆盖系统，某根室内天线的设计输出功率是 14dBm，但实际只有 6dBm，这就会影响原先设计的覆盖范围和覆盖要求。造成天线输出功率偏低的原因有三：（1）可能是直放机的输出功率本身不够，或者是直放机的下行衰减过大；（2）可能是功分器和耦合器配置不合理（主要是耦合器），如果配置不合理就会影响系统中较靠后的天线的输出功率，比如某个接口应接 6dB 耦合器但接错为 15dB 耦合器，这样，这根分路出去的天线输出功率必然较弱；（3）也可能是分线系统中馈线连接不良，驻波比较高，损耗较大，所以就造成天线的输入功率不足，发射出去的信号也就较弱。

根据以上分析可知，直放站及其覆盖系统的故障问题是多种多样的。但是，经常碰到的问题主要有：（1）施主小区的信号不强或有干扰，需修改频点或改为其他更好的施主小区；（2）直放站室外天线安装位置不合理，需做移动；（3）施主小区的频点做了修改但直放机没有做及时的调频；（4）直放机有模块坏掉（主要是选频模块）；（5）直放机的上/下行衰减设置不合理，造成覆盖信号不强或上行干扰。所以，在网络优化中，主要从以上这几个方面对直放站系统进行检测和整改。

5.6 直放站的优化

5.6.1 优化原则

厂家在选择直放站类型时应遵循的原则：在楼顶或墙壁安装室外天线的地方，如果测到某个小区的信号比其他小区的强于-10dBm，并且质量很好，则选择宽频直放站；

如果周围小区的信号强度都接近，并且很难找到信号质量很好的小区，则选择选频直放站，这样就可以选择一个信号相对不强但是质量很好的小区为施主小区。

宽频直放站的好处是它不易受频点修改的影响，而不像选频直放站那样，当施主小区的频点做了修改之后就需要马上进行调频。但是，如果它的室外天线安装过高或安装位置不理想时，由于接收、放大的小区信号很多，从而引起一系列的信号质量问题，进而影响网络质量。

如果选频选得好选频直放站就只会放大、占用唯一的施主小区，信号质量很好。但是，如果没做楼层覆盖，特别是电梯门口没装吸顶全向天线时，电梯门口占用的是其他小区而非直放站施主小区的信号，这样，持续通话进入电梯，当电梯门关闭之后，就会容易出现由于切换不及时而掉话。所以，对于选频直放站，要保证在电梯门口施主小区是主覆盖小区。

一个小区最好不要同时作为两个或多个直放站的施主小区，一是避免拥塞；二是避免共同影响。

在进行测试时，对于采用直放站进行覆盖的区域，应该注意室内外信号切换情况；进入电梯前后的信号占用情况；停车场、抹角处的信号占用问题等。

5.6.2 实测举例

为迎接某个时间 GMCC 巡检，我们与直放站厂家对广东某地级市的所有直放站进行了一次全面的测试，检查的内容主要有：施主小区与设计是否一致、施主小区是否合理、施主小区的信号质量如何、对所覆盖场所的信号强度是否足够、直放站所在的 CQT 点信号如何、是否需要增加室内天线等。以下是一些直放站点检测与处理的例子。

1．某市电信实业大楼

说明：某市电信实业大楼高 8 层，采用宽频直放站进行电梯覆盖，设计施主小区为“市政府 1”。

信号检测结果如下。

（1）电梯：多数占用“市政府 1”，但有时容易切换到“市政府 2”，并且有时接着切到“某市 2”，不过很快就切出。“市政府 1”、“市政府 2”的信号都在−72dBm 左右并且质量很好，而“某市 2”的信号也很强但是误码高；（2）9 楼层：只占用“市政府 1”，信号在−60dBm 左右并且质量很好。

问题处理：对于电梯里容易切换问题，通过适当调整 KOFFST、调小“某市 2”功率，使设计施主小区“市政府 1”在电梯内是唯一的的覆盖小区。

2．某市国税大厦

说明：某市国税大厦高 18 层楼，有地下停车场，采用选频直放站对电梯和地下停车场进行覆盖，设计施主小区为“麦地 1”。

信号检测结果如下。

（1）电梯：只有“麦地 1”的小区信号，−68dBm 左右，但是有些误码，不过没有影响到语音质量；（2）一楼大厅：占用“麦兴路 3”、“麦地 3”，信号在−68dBm 以上，质量很好；（3）12 楼层：占用“麦兴路 3”、“天悦 2”、“竹树新村 1”，信号在−66dBm 左右并且质量也好；（4）18 楼室外天面：测试室外小区信号，结果发现“麦地 1”的频点，信号也有误码，周围其他小区的信号也有，只是“花边岭 3”的信号较干净。

问题处理：“麦地 1”的小区信号有点误码但目前不会影响通话质量，如果要改善直放站的信号质量问题，则需要修改施主小区“麦地 1”的小区频点，但目前可通过将“麦地 1”的功率调大、关掉功控、调整 CRO 和 KOFFSET 或 RXSRFF 等来进行改善。

3．某市市路桥办公大楼

说明：某市市路桥办公大楼高 14 层楼，采用选频直放站进行电梯覆盖，设计施主小区为“莲塘坳 1”。

信号检测结果如下。

（1）由于“塘坳 1”有两个 TCH 频点改为 27、85，但还没有及时对直放机进行调频，所以造成有时信号突然变弱，进而引起信号乱，如图 5.8 所示；（2）14 楼室外天面：测试室外小区信号，结果发现由于“莲塘坳 1”小区方向是背对着路桥办公大楼，所以在室内、楼面上的信号都不强，反而周围其他小区如“海鲜城 1”、“其山 2”、“塘坳 3”，的信号较强，“海鲜城 1”的信号较为干净。

问题处理：（1）某生产公司人员反映，之前该直放站的施主小区是“塘坳 3”，但是扩容之后，由于直放站是 4 载波选频直放站，所以后来施主小区改为“塘坳 1”；（2）后来将直放机进行调频，再进行测试，信号还是有些误码；（3）由于室外天线处测到“海鲜城 1”的信号较强、质量也很好，并且它也是 4 个频点，所以，最后将施主小区改为“海鲜城 1”。首先将室外天线的安装位置进行移动，使天线指向“海鲜城 1”的小区方向，然后对直放机进行调频。

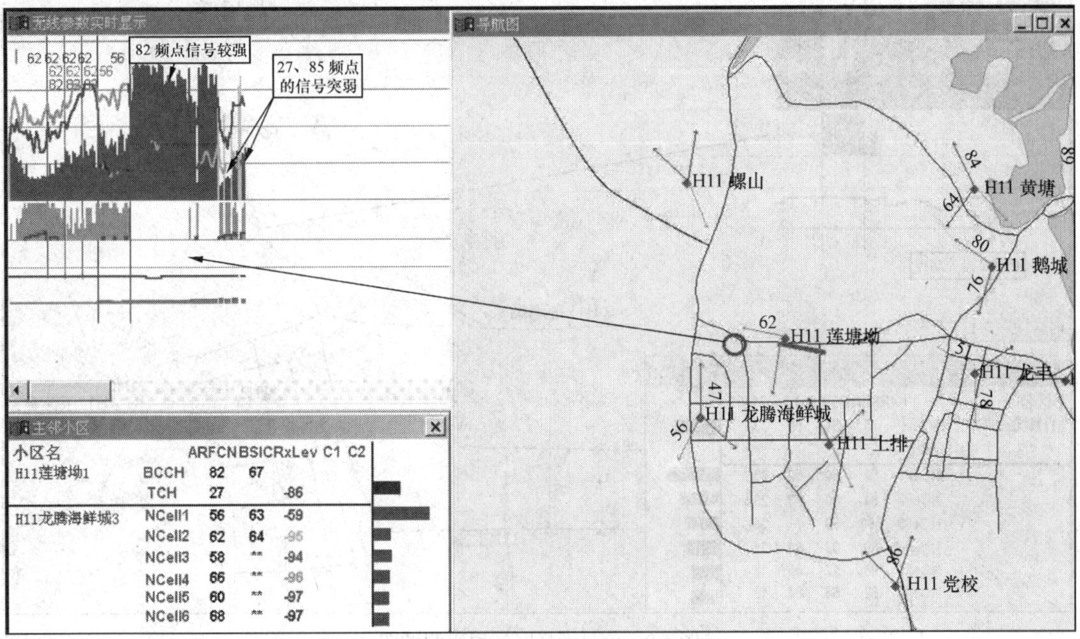

图 5.8　信号频点的调频测试图

4．某市南方大酒店

说明：某市南方大酒店高十几层楼，二、三楼为酒楼，采用宽频直放站对电梯和二、三楼进行覆盖，设计施主小区为“蓉城 2”。

信号检测结果如下。

（1）电梯：占用“鹅城 2”的小区信号，−60dBm 左右并且信号质量好，但出现一次往“亿塘 2”的切换，信号误码高，但可及时切换，如图 5.9 所示；（2）一楼大厅：占用“蓉城 2”，信号在−57dBm 左右并且质量很好；（3）10 楼层：“蓉城 2”的信号为−70dBm 左右，但是空闲容易重选到“帝悦 2”，接着切换到“大地宾馆 3”；（4）二、三楼酒楼：占用“蓉城 2”，信号在−55dBm 左右并且质量很好。

问题处理：现场通知 BSC 将“帝悦 2”的 CRO 调小、“蓉城 2”的 CRO 调大，并且关掉功控，之后测试时以上问题解决，信号正常。

5．某市广东发展银行（写字楼）

说明：广东发展银行高 17 层，有 3 部电梯，采用选频直放站，主要覆盖电梯和两层地下停车场，设计施主小区是“下埔 1”。

信号检测结果如下。

（1）从室外到室内时信号都很正常；进入室内到电梯，占用到直放站放大的信号时，信号强度很强，但信号质量不行，有连续的误码，如图 5.10 所示。

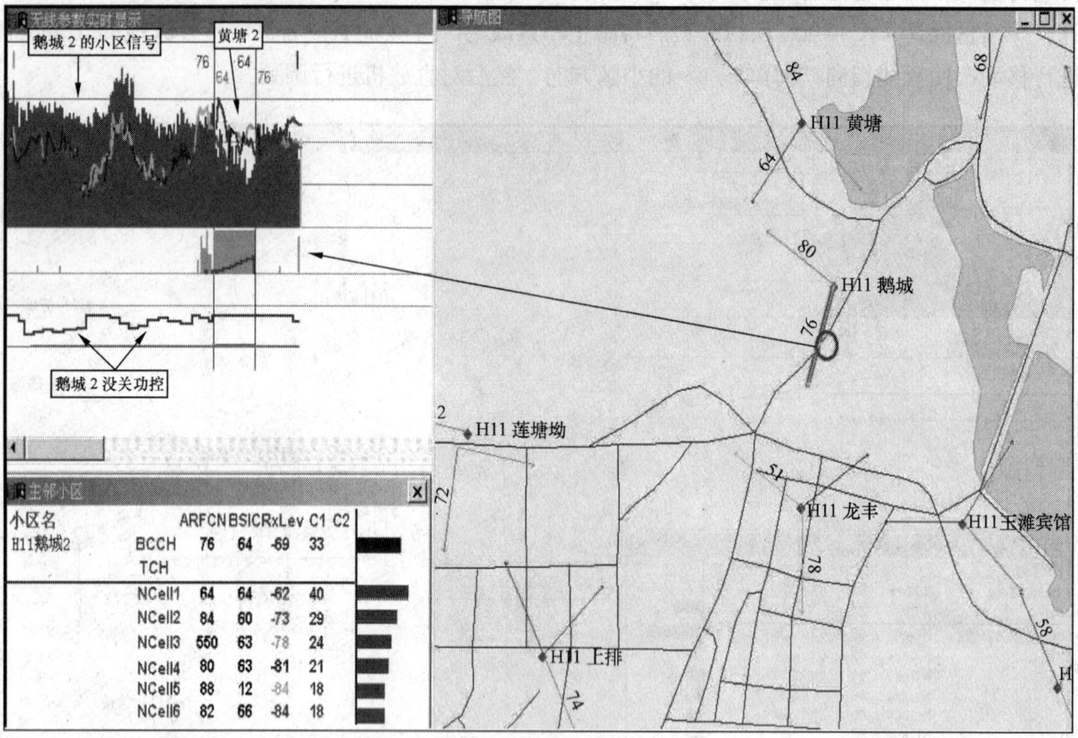

图 5.9　信号切换时的误码测试图

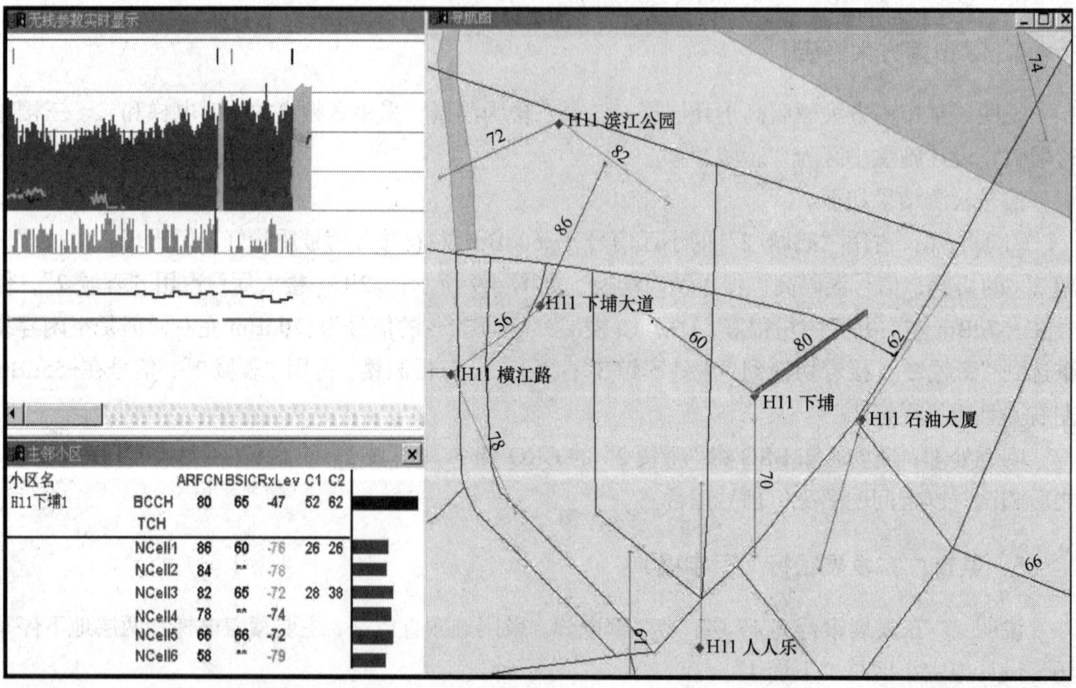

图 5.10　有连续的误码测试图

（2）将“下埔 1”关跳频后测试，发现有 TCH = 93 的频点信号较弱，而其他频点的信号较强，如图 5.11 所示。

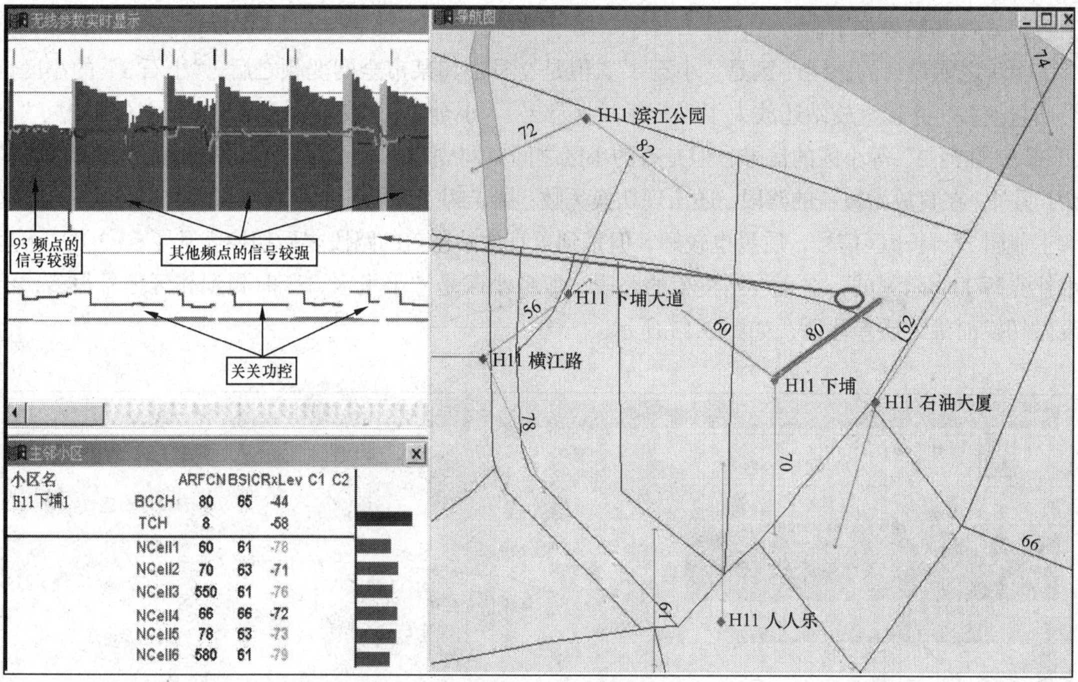

图 5.11　跳频后测试图

问题处理：经查发现，原来是直放机的选频模块没有调频到 93 频点，将直放机的选频模块增加 93 频点后信号正常。

6．某高速公路的直放站

说明：在某高速公路中的光辉工业园与十里水之间（靠近十里水）的路段，由于有山的阻挡，所以该路段采用宽频直放站进行延伸覆盖，当时设计施主小区是“小石 3”，与 BTS 联系的天线采用角反射天线，而采用定向天线对十里水基站方向的路段进行覆盖，如图 5.12 所示。

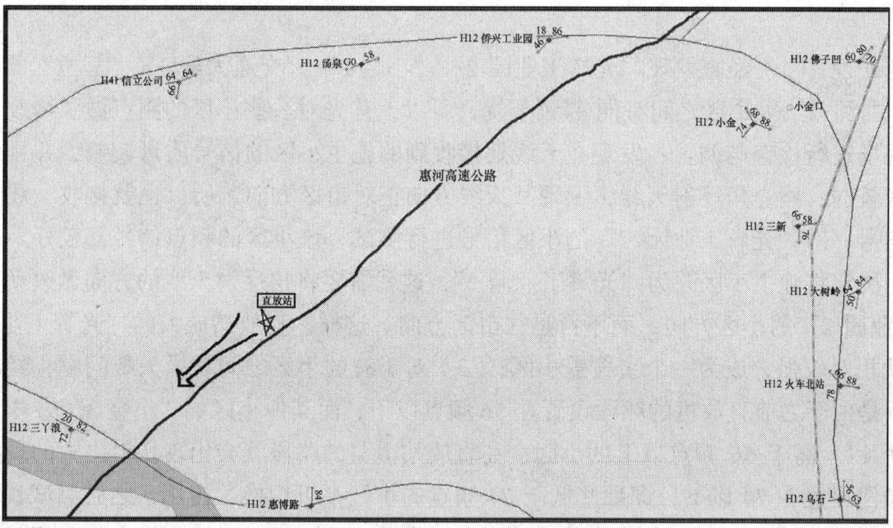

图 5.12　直放站进行延伸覆盖测试图

信号检测结果如下。

（1）之前设计的施主小区是“小石 3”，但是 9 月中旬某市全网变频之后，“小石 3”的小区信号质量变差，并且直放站还放大了“光辉工业园 2”、“小金 2”、“交通大厦 3”、“思立公司 2”、“屋凹 3”、“曲河 2”等小区的信号，但是有的小区之间有同/邻频干扰，所以信号质量很差，有时会掉话；另外，在直放站覆盖的路段，还出现切换失败；从光辉工业园往十里水测试，很长路段占用“光辉工业园 2”的小区信号，质量也较好，但是到了直放站覆盖的路段之后切换就乱了；（2）从十里水往光辉工业园测试，在直放站覆盖的路段，服务小区是“十里水 1”时测到邻区信号很多，但没做切换而最终质差掉话，如图 5.13 所示。

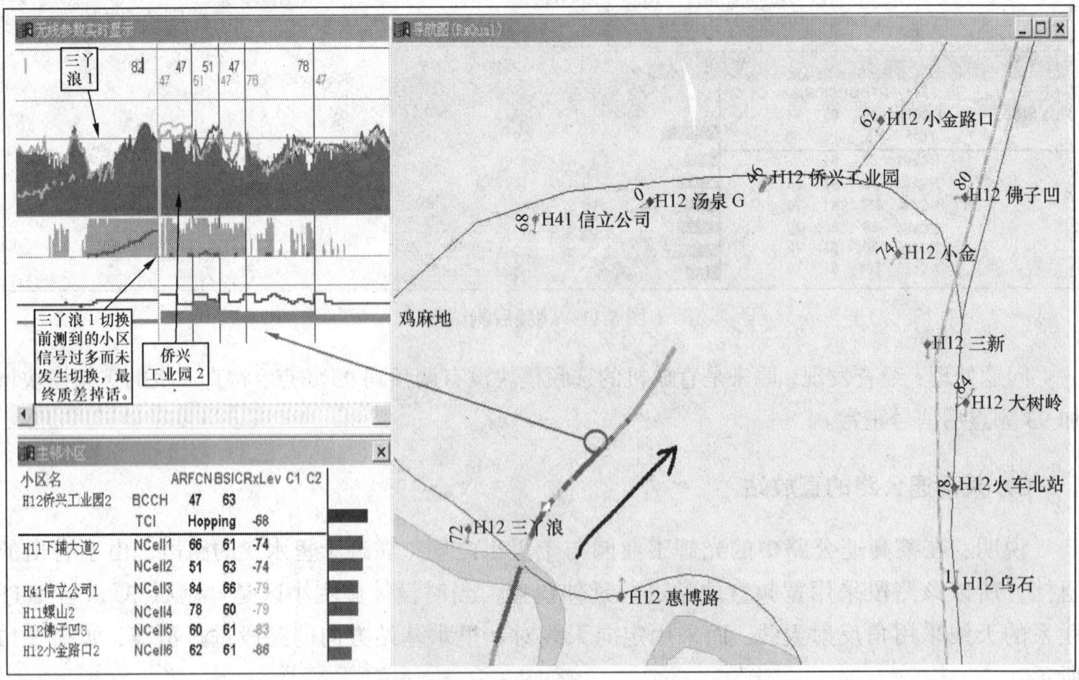

图 5.13　质差掉话测试图

问题处理：（1）经查发现“光辉工业园 2”、“小金 2”、“交通大厦 3”、“思立公司 2”、“屋凹 3”、“曲河 2”等小区之间有同/邻频干扰，所以，首先对一些小区的频点做了修改；（2）到直放站现场进行检查与调整：发现在天线处接收到的施主小区的信号质量较差，并且信号相对其他小区较弱；检查角反射天线，发现其天线方向正对市区方向，所以也就接收、放大了很多小区的信号；对“光辉工业园 2”的小区信号进行测试，该小区的频点信号都较好。根据此检查结果，决定将施主小区改为“光辉工业园 2”，这就需要将角反射天线的方向做改动，即正对“光辉工业园 2”的小区方向，而不再是往市区方向。这样，直放站放大的“光辉工业园 2”小区信号就相对较强，成为一个主覆盖小区；（3）对于有的小区之间切换失败问题，经检查直放机发现，是由于之前直放机的频段设置在 56 频点以下，而其他小区如“小金 3”的 BCCH 频点为 74，所以，高于 56 频点以上的小区，在直放站覆盖的路段就会出现切换失败的现象。将直放机的频段设置在 74 以下，即那些低于 74 频点的小区都可切换、占用，之后测试就不会再有切换失败。因此，对于宽频直放站，还需注意频段设置；（4）对于从十里水往光辉工业园测试时总是不进行切换的问题，经查发现“十里水 1”与“光辉工业园 2”、“小金 2”、“交通大厦 3”、“思立公司 2”、“屋凹 3”、“曲河 2”等小区都定为邻区（如图 5.14 所示，粗线即为邻区），也就是说是邻区过多而造成混乱；后来，删掉了多余的邻区，“十里水 1”只与“光辉工业园 2”等几个小区为邻区（如图 5.15 所示）。这样，从十里水往光辉工业园测试时，切换前只测到“光辉工业园 2”的 BCCH 频点 46 的信号（如图 5.16 所示），接着就顺利地由“十里水 1”切换至“光辉工业园 2”（如图 5.17 所示）。

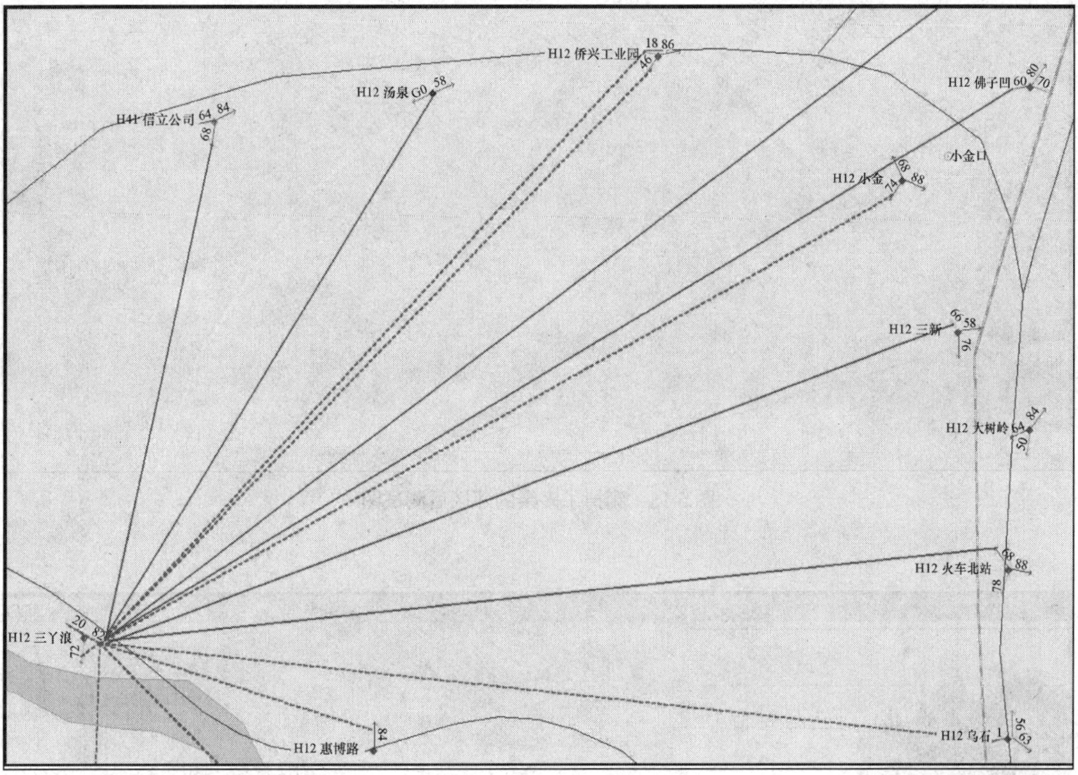

图 5.14　邻区测试图

另外，还对相关的切换参数和重选参数做了调整，即将“光辉工业园 2”的 CRO 调大，以保证在空闲时也尽量接入“光辉工业园 2”；并将“光辉工业园 2”向“屋凹 3”、“曲河 2”、“思立公司 2”、“小金 2”、“三新 3”切换的 KOFFSETP 调为 2，以尽量不向这些小区切换，从而也保证在直放站覆盖路段“光辉工业园 2”是主覆盖小区；另外，“十里水 1”与“光辉工业园 2”之间切换的 KHYST 由 3 调小为 2，这样，也就保证了“十里水”与“光辉工业园 2”之间顺利地切换。

通过以上实测例子可以知道，直放站覆盖的信号问题，可能是直放站系统本身的问题（包括硬件与设置），也可能是施主小区或 BSC 参数问题，这就需要综合考虑再做处理。另外，对于有些信号问题，可以通知厂家去处理，有时也可以在 BSC 通过修改参数来解决，比如调整功率、关掉功控、修改频点、调整切换或重选参数等。

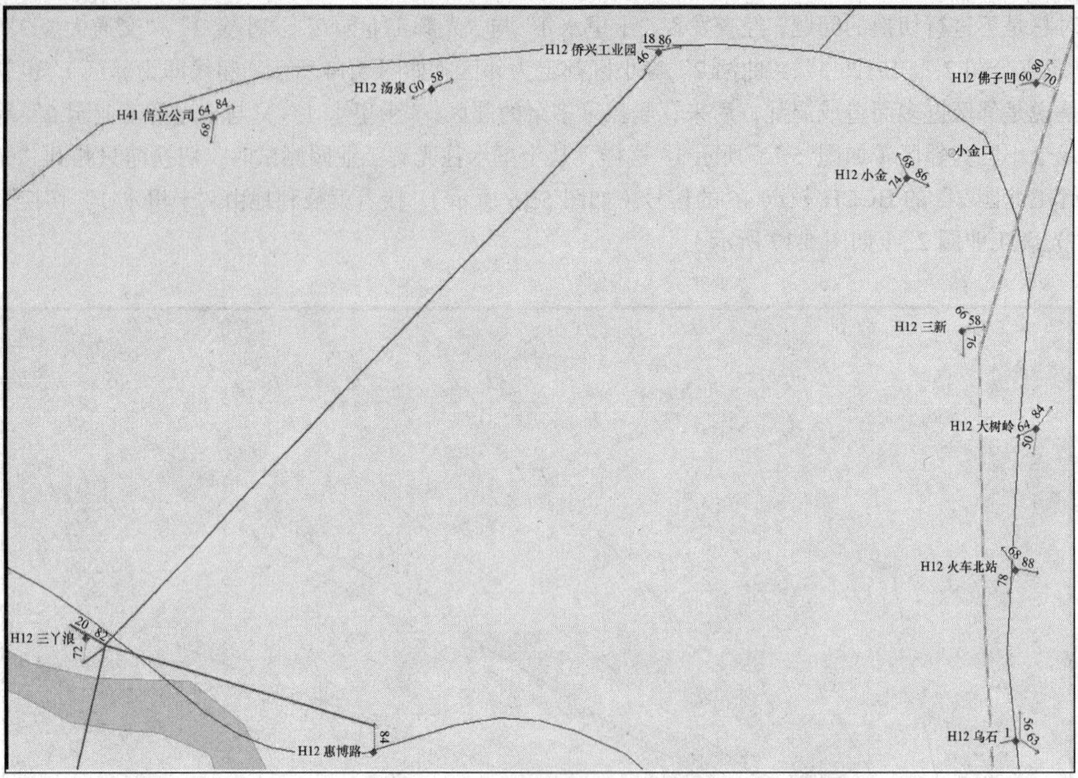

图 5.15　删掉了多余的邻区后测试图

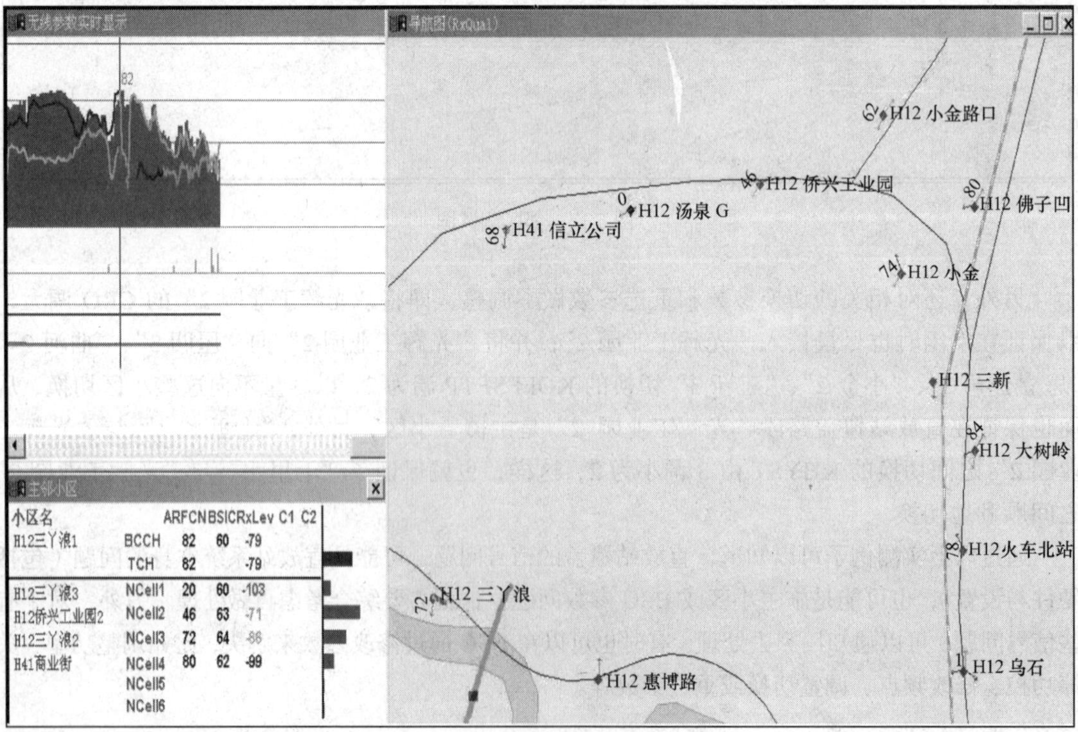

图 5.16　切换前的信号测试图

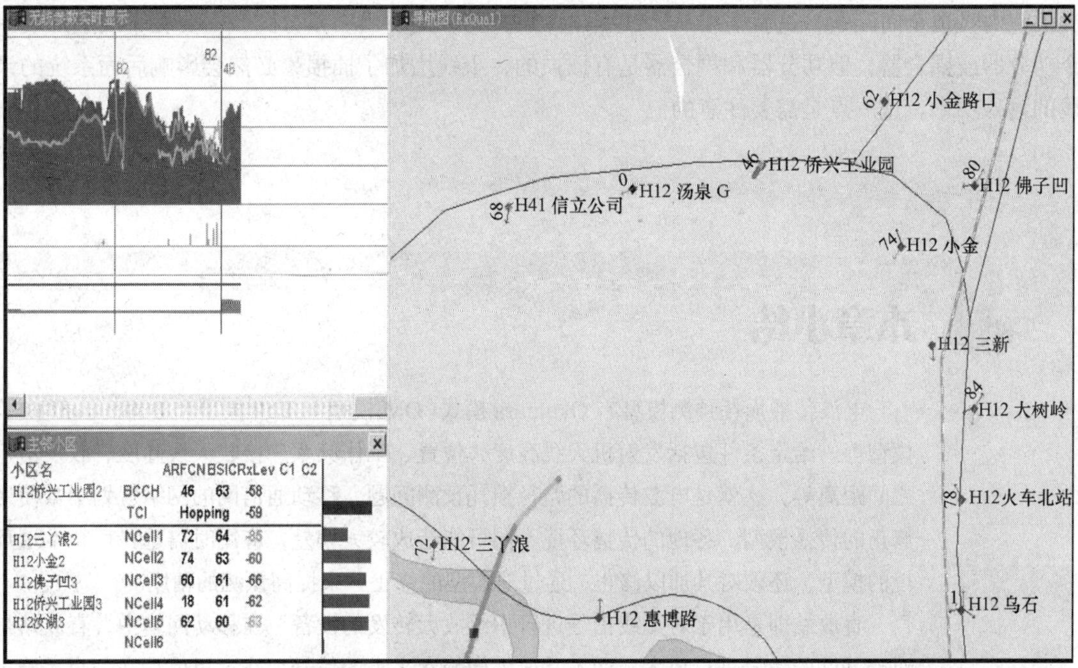

图 5.17　切换顺利测试图

5.6.3 优化小结

一个小区最好不要同时作为 2 个或多个直放站的施主小区，一是避免拥塞；二是避免共同影响，比如，“龙丰 3”带了 2 个直放站 A、B，在直放站 A 测到施主小区“龙丰 3”的信号质量很好，但是在直放站 B 测到施主小区“龙丰 3”的信号有误码，受到邻近小区的频点干扰，如果要修改“龙丰 3”的小区频点，就要同时考虑直放站 A、B 两边邻近小区的频点，这样，就增加了很大的困难。

关于测试方法，比如，某个大酒店有 20 楼高，采用直放站系统对电梯、楼层和地下停车场进行覆盖，检测流程如下：首先，在大酒店的门口测试室外信号，以了解室外是占用哪个小区，而此时最好连接 GPS 测量经纬度，以确定测试点所在位置；接着，从门口开始通话测试进入一楼大厅，查看是否有切换或切换是否合理，并在一楼大厅进行空闲与通话测试，以检查空闲与通话时占用的小区是否不同或通话过程中切换是否正常；然后在电梯门口空闲停顿十几秒钟，接着通话进入电梯，注意查看小区信号变化情况，包括切换是否及时等；在电梯内，也进行空闲与通话的间断测试，检查呼叫、接通是否正常，是否只占用施主小区的信号；当电梯到 20 楼时，手机通话测试走出电梯，查看切换情况，并进行楼层的测试，包括到窗口，手机空闲十几秒钟，然后拨测，检查小区信号是否有不同；接着从 20 楼乘电梯到大约 14 楼和 8 楼进行通话测试，包括电梯进/出、楼层以及窗口的信号测试；最后测试地下停车场，从室外通话往停车场内进行测试，注意室外往室内、室内往室外的小区占用和切换情况，还需注意停车场内拐弯和角落的信号是否较弱。一个完整检测过程就是这样，在检测过程中如果发现信号问题时，则根据前面所介绍的方法或思路进行定位与处理。

测试过程中，每部分的测试要分不同的记录文件保存原始数据，以便过后的数据分析。

另外，对于室内覆盖系统中加装天线时要注意功分器或耦合器的插损，比如某个包厢要加装一根室内吸顶全向天线，这就需要从干线引出一条分路，而引出一条分路就需要在干线上加装一个功分器或耦合器，但功分器和耦合器是有插损的，干线增加了插损，必然会影响后面系统的天线的输入功率。这一点是需要注意的。

本章小结

电波传播损耗预测模型有 Okumura 模式（OM 模型）、Egli 模型和 Bullingron（BM）模型等。给定条件包括发射机天线高度、位置、工作频率、接收天线高度、收发信机之间距离等，这就是电波传播的路径损耗预测问题。移动通信网的网络规划中常使用修正的传播模型，各地的传播环境不同可能造成较大偏差，应用时需选择适合本地环境的模型，还须对其加以修正，通过对模型的修正，来提高预测的精度。

直放站即是用于对无线信号进行中继放大转发的设备。在移动网络中，直放站是对宏基站的信号进行放大，而不是放大微蜂窝之类的信号。在这里就存在一个“施主小区”的概念，所谓施主小区，即是信号被直放站进行放大的小区。可以通过使用各类直放站解决边远道路、小住宅区以及室内覆盖盲区，扩大覆盖范围。直放站可分选频直放站和宽频直放站。选频直放站有 2 选频、4 选频、6 选频和 8 选频。直放站的功率也不相同。

一般来说，直放站包括直放机、与 BTS 联系的天线、与 MS 联系的天线以及天线与直放机连接的馈线。

所谓室内覆盖，就是对高楼大厦、政府机关办公楼、住宅大楼、酒店、大型商场、酒吧、娱乐广场的电梯、楼层的室内进行覆盖。室内覆盖系统是由以下几部分组成：信号源（宏基站、微蜂窝或直放站）发出的信号经馈线传送，再通过功分器、耦合器对信号进行分配，最后经天线将信号分布、发射出去。所以，设计室内覆盖系统最主要的是如何对功分器和耦合器进行合理地配置而将信号均匀地分布到室内每个角落，这就需要考虑每根天线的覆盖范围和覆盖要求了。

本章还介绍了直放站的安装，直放站对网络的影响，产生的问题，信号检测与故障定位。在网络优化中，对直放站及其覆盖系统的信号进行检测是必要的，特别是全网变频之后，这项工作尤为重要。最后是直放站的优化，根据优化原则，列举了一些实测举例。

习题和思考题

1. 何谓电波传播的路径损耗预测问题？

2. 场强估算模型有哪些？
3. 何谓基站覆盖预测？
4. 直放站的概念是什么？
5. 直放站由哪几部分组成？
6. 什么是室内覆盖系统？
7. 室内覆盖主要指标有哪些？
8. 直放站会对网络产生哪些影响？

第6章 路测

6.1 概述

路测，又称 DT（Drive Test，DT），是无线网络优化的重要组成部分。它包括路测的准备、测试及调整、调整总结。实际上，路测工作是技术含量较高的工作，它要求技术人员懂得 GSM 的基本原理、功能参数的调整、测试工具的熟练使用、基站硬件的一般知识，并拥有一定的话务分析能力及快速的应变能力。这显然与以前普查性的路测工作有很大不同。（需要注意的是调整是应急的调整还是解决问题的调整）

路测是对 GSM 无线网络的下行信号，也就是 GSM 的空中接口（Um）进行测试，主要用于获得以下数据：服务小区信号强度、语音质量（误码率）、各相邻小区的信号强度与质量、切换及接入的信令过程（L3 层信息）、小区识别码（BSIC）、区域识别码（LAC）、手机所处的地理位置、呼叫管理（CM）、移动管理（MM）等。其作用主要在于网络质量的评估（例如覆盖率、接通率和语音质量等）和无线网络的优化（例如掉话分析、干扰分析等）。

6.2 路测数据采集和测试工具的要求

6.2.1 数据采集的要求

在移动通信中，信号的传送以直射、反射和散射的方式传播，在城市中，反射信号占大部分，这些信号呈现多径传播的特征。在传播过程中，将出现信号衰落的现象，通常情况下，我们将更加关心慢衰落信号，而忽略快衰落信号。在路测中，需要关注以下的数据特性。

1. 采样长度

在路测工具性能固定的情况下，采样长度就是测试的时间。基本上，在进行数据分析时，都是取采样点数量和时间的平均值。如果采样长度太短，将不能消除快衰落的影响；如果采样长度太长，将丢失地理特征的信息。采样长度通常设定为 40 个波长。

2. 采样数量

根据 William C.Y.Lee 的推导，在 40 个波长的间隔内，采用 36 ~ 50 个采样点比较合适。

3. 采样速率

在确定了采样长度和采样数量的前提下，必须考虑测试的速度（测试车辆速度）、仪器的采样速率和同时测量的信道数。

通常只需要测试一个信道，目前市面上销售的测试硬件（例如 SAGEM 测试手机、TEMS 测试手机等）都可以满足采样速率的要求。

6.2.2　测试工具的要求

通常用来路测的工具有测试手机、频谱分析仪、数字接收机等，配以相应的软件，达到各种测试要求。

1. 测试手机

目前常用的 GSM 专用测试手机包括 SAGEM 和 TEMS。

SAGEM 手机有 GSM 的 OT75、OT76 和 OT160；GPRS 的 OT96 和 OT190。SAGEM OT96 以前的版本已经停产了（2003 年）。SAGEM 进入工程模式的指令是："上箭头"→"#"。使用 SAGEM 手机时需要注意手机速率的设置要与测试软件相对应，通常对于语音的速率是 9 600bit/s，数据业务（GPRS）的速率是 5 7600bit/s。

TEMS 手机是 ERICSSON 的专用测试手机，以前 TEMS888 测试手机已经停产，现在使用的是 TEMS R320（GSM）和 TEMS R520（GPRS）。TEMS 的价格比 SAGEM 要贵 5 ~ 6 倍，性能也要比 SAGEM 好。

基本上所有的测试手机在非通话状态下都能够进行扫频，但是只能对 GSM 系统的 124 个频点进行扫描，并将每个频点的信号强度和 BSIC 解析出来。

由于目前所有的 CDMA 设备都使用高通的芯片，所以几乎所有普通的 CDMA 手机都能够作为专用测试手机用，但是其信令上的解码程度不同。国内几乎没有手机连接软件的数据线卖。

2. 频谱分析仪

频谱分析仪可以分析整个频段，包括 GSM 和 CDMA，它根据信号的波形、功率等数据，分析出干扰源的类型。如果配合八木天线一起使用，还可以追踪干扰源。

但是频谱仪使用复杂，通常只用来进行验证测试时或者追踪带外干扰时才使用，普通的频率问题，使用专用的测试手机和专用软件，就可以解决大部分问题。

3．数字接收机

数字接收机其实是手机扫频功能的扩充。测试手机毕竟只是设计工作在一个频点上，虽然具备扫频功能，但是逐个频点扫描的刷新速度太慢。如果是定点测试，这个问题还不突出，但是在移动测试时，测试手机将不能及时反映网络频点的变化。

数字接收机基本上也是对 GSM 的 124 个频点进行扫描，扫描原则上是同时进行的，配合高速的刷新速度，可以在移动测试时获得准确的数据。

在进行网络评估测试时，连接数字接收机是非常有用的，可以对网络的干扰进行准确地分析。但是只根据数字接收机的测试数据而得出网络的干扰图，却是不准确的。因为网络中还会有跳频、不连续发射等辅助网络功能设置，所以，通常并不直接关心网络的干扰程度，而是关心语音质量、接通率、掉话率等指标。

6.2.3 测试的辅助工具

1．数字化电子地图

它是一种矢量化的电子地图，地图上有测试地点的地理信息和相应的经纬度信息。通常使用的是二维电子地图，其精度只有 100m 左右。利用电子地图，配合 GPS，可以直观地测试当时所处的地理位置。

2．GPS

利用“卫星定位系统”，可以将测试时的经纬度记录在测试数据中，经过后台分析，可以得出测试路线。GPS 的精度也只有 100m 左右，太高精度的 GPS（10m）在市面上很难买到。GPS 是通过卫星来定位的，原则上，三个卫星可以确定一个点，但为了校正，通常需要有 5 个卫星，定位才准确。在密闭的环境里面（例如密闭的火车厢），将不能正常接收卫星信号；在乌云密布的天气下，其接收性能同样受到影响。

3．专用测试软件

目前常用的专用测试软件产家主要有：万禾、ERICSSON、AGILENT、鼎利、科旭、东方通信、WILTECH、创我等。各个测试软件都能够满足基本的测试要求，其区别只是在于使用上方便与否。

每个测试软件都附有详细的说明书，在这里就不一一罗列了。

对于软件的功能，我们需要关注以下几个方面。

（1）软件的兼容性：某些软件对系统有严格的要求，例如万禾的 ANTPILOT 在 WINDOWS/XP 下“生成测试报告”和“动态扫频”功能将无法使用；有些软件对杀毒软件有排斥等。

（2）可连接测试设备的种类和数量：需要明确软件能够连接测试手机的型号和数量，有的软件只能够连接指定型号的测试手机，例如 AGILENT 只能够连接 SAGEM 和 MOTOROLA 的测试手机；有的软件只支持两个连接口等。

（3）小区建库的建立和引用：软件要有很好的小区建库编辑功能，可以批量编辑小区建库；

在使用过程中测试点最好能够自动指引到服务小区的天线上。

（4）电子地图的格式：最好是 MAPINFO 格式，因为这种格式比较通用，如果是其他格式，则需要软件产家提供转换工具，最好提供其支持格式的电子地图。

（5）记录文件的保存：如果能够使用多个设备，需要注意每个设备的测试数据是否可以独立分析，最好能够独立分开保存。文件要能够定时保存，在发生意外情况，例如电脑死机、手机掉电的情况下也能够保持数据的完整性，不能因此而丢失数据，造成统计错误。

（6）统计报表的生成：要能够自动生成日常测试所需要的数据，最好能够直接生成报表，这样可以大大提高工作效率。

6.2.4　无线信号测试自动监测系统

分为自动路测系统和自动定点拨打测试系统，目前研究得比较多的是自动路测系统。

自动路测系统的原理就是把我们通常使用的路测工具，包括测试手机、GPS、电脑和软件等全部集成在一个硬件中，安装在车辆上（例如公交车和出租车），在车辆行驶时，自动记录测试数据。这些数据可以定期收取（例如每天下班后），也可以在测试过程中直接传到某个服务器上。

其好处是可以进行海量测试，测试基本不需要人工成本，网络问题也将从用户投诉量化到主动发现网络故障。以下是自动路测系统的性能指标。

1．测试数据采样的合理性

一般地，用来安装该系统车辆的行驶路线都不会包括所有的道路，并且其路段的重复率会非常高。所以，该系统数据采用的合理性一向是倍受关注和质疑（当然，重复率高可以通过“栅格分析”来解决，也就是把网络分成很多小块，每块内的数据是比较平均的）。

2．设备的稳定性

设备的稳定性包括硬件的稳定性和软件的稳定性。一般该系统是安装在车辆的尾厢或者密闭的地方，需要耐高温、抗震，并且电源供应要稳定。而软件则需要在硬件发生某些临时故障时还能够保持各个模块的稳定。设备的稳定性是该系统最重要的因素，其实也是该系统一直不能很好发展的原因。

3．收集数据的准确性

包括交换机下载得到的小区参数、话务统计的原始数据和 AT 记录，小区参数的原始数据，电子地图、基站硬件资料、分析记录等。

4．统计结果的准确性

包括 OBJTYPE 定义（填写话务统计定义情况）；连续五个工作日话务统计收集及基本分析；小区参数一致性检查及合理性分析（填写小区参数基本问题）；结合话务统计及小区参数检查，得出需无线路测进行问题定位的小区及地段（填写无线路测）；、电子地图（填写××移动基站分布导入表）等。

6.2.5 语音质量评估系统

其作用是对语音的单通、回声、乒乓声、串音等噪声进行自动地评估。一方面可以更加科学地评估语音质量，另一方面可以避免过多地人为因素造成语音质量评估的不一致。

语音质量的评估采用平均评价分（mean opinion score，MOS）一般可以分 5 级表示语音质量，5 是最好，1 是最差。我们通常使用 SQUAD 算法。

SQUAD 算法非常透明和模块化，可以客观地估算 MOS 值，也能深层次地说明语音质量下降的原因。其输出的结果包括时间修剪、频率偏移、迁移特性、质量、功率等。万禾和科旭等厂家的软件都已经包括语音质量评估系统，主要在 CQT 中使用。

6.3 路测数据的采集过程

6.3.1 路测数据采集的内容

路测中主要采集 Um 接口的数据，包括以下内容。

1．服务小区的数据

CGI、RXLEV、RXQUAL、TXPOWER、TIMING ADVANCE、DTX、C1、C2、BCCH、BSIC、FRFCN、HSN、MAIO、TIME SLOT NUMBER 等数据。

2．邻区的数据

NCELL1-6 BCCH/BSIC/RXLEV、CRH、CRO、PT、TO 等数据。

3．网络系统信息（LAYER2 和 LAYER3）

包括 MBCCH 和占用信道数据。

4．GPS 定位信息

LAT/LON、TIME 等数据。

6.3.2 路测采集的辅助资料

为了更好地进行分析，在路测过程中，还需要很多的网络资料，这些资料包括：电子地图、旅游交通地图、小区资料库、话务统计等。其中小区资料库是指交换机参数、基站硬参数等。话务统计是指相关小区的切换、拥塞、呼叫、掉话情况。在测试前有必要将相关小区的情况以表格的形式单独列出来，这有助于进行分析，如表 6.1 所示。

表 6.1　　相关基站的频率安排

CELLID	RBSNAME	BCCHNO	BSIC	DCHNO	最近有干扰可能的同邻频小区名	同邻频	基站距离	备注

通过对表 6.1 的填写，初步找出可能的干扰源。这就能使实际干扰判断测试工作有的放矢，如换频、锁频、扫频、HALTED 站等。当然实测极有可能与事前的分析有出入，但这并不要紧，随着经验的不断积累，这种出入会越来越小。

表 6.2　　相关小区的特殊参数的异常设置

小 区 名	参数名称	现时设置	一般设置	建议设置	备　注
H11ZJJ1	BSPWRB/ BSPWRT	39	43	41	该站是市区宏基站
H11ZJJ1	ACCMIN	94	102	90	三日建呼制拥塞

所谓特殊参数，是指常见的功能参数，例如：BSPWRB/BSPWRT、CRO/PT、ACCMIN、RLINKT/RLINKUP、QLIMUL/QLIMDL、SSDESDL/QDESDL、SLENDL/QLENDL、INDES、

SSDES/QDESUL、SSLEN/QLEN、KHYST/KOFFSET、AWOFFSET/QOFFSETT 等。一般来说，这些参数的特殊设置可能是话务统计的原因或解决某段道路的覆盖原因造成的，应该了解清楚。同时通过了解这些特殊设置，使调整方法没有“过界”，例如说提高小区功率，而实际小区是200站，功率已为45/45了，这就不能调整为47/47了。通过填写表6.2，在一定程度上已知道不少交换机参数的调整方法或手段了。

表6.3　　相关基站硬参数情况

小区名	载波数目	近三日话务量	载波损坏情况	高　度	方位角	下倾角	传播方向阻挡情况	备　注

有时需要登上基站进行硬件的调整或进行硬参数的校正，如表6.3所示，目的是为了解决路测中的覆盖问题。因此需要事前了解基站的硬件资料。

如果路测的目的是为了解决话务统计问题，就要首先对话务统计进行分析。这部分内容将在其他章节中介绍。要强调的一点是，首先要解决小区拥塞问题再进行路测。

解决道路问题就是要保证一条理想切换路径的实现。所以在测试前就要勾画出一条理想的切换路径，并就此检查相关的切换数据。

6.4 路测的准备

路测的准备，其实可以细分为：相关资料的收集、基本情况的分析及预测、路测仪器的准备。下面以解决某段道路的覆盖为例进行阐述。

6.4.1 准备设备

进行DT测试一般需要以下设备：笔记本电脑1台；车载12伏转220伏的变压器；GPS全球卫星定位系统；GPS外接天线；GPS连接电脑的数据线；GPS用的5号电池4个；OT76测试手机1部；OT76测试手机电池两块；测试SIM卡1张；OT76测试手机连接电脑的数据线；串口扩展卡1张。

6.4.2 检查设备

① 笔记本电脑内是否已安装ANTPilot最新的版本（到现时为止8.0.6版）。

② 笔记本电脑内是否已有最新小区库（请向BSC话务分析人员取得最新小区库）。

③ 笔记本电脑内是否已安装串口扩展卡驱动程序。

④ 笔记本电脑安装的 ANTPilot 所在的盘是否有约 200MB 的硬盘空间。

⑤ GPS 设备是否正常（包括连线、主机）。

⑥ GPS 电池是否满格。

⑦ 手机是否正常、数据口有没有坏、能否正常通信。

⑧ 手机数据线是否正常、能否正常通信。

⑨ 手机电池是否满格。

⑩ 逆变器是否工作正常。

⑪ 测试 SIM 卡是否已超话费（拨打 1860/1001 查询话费情况）。

⑫ 需要登记的表格是否齐全。

⑬ 是否与 BSC 组人员了解网络情况。

⑭ 是否因为机房人员的操作导致用户投诉。

⑮ 必要的时候准备相关的身份证明资料，如通行证等。

6.4.3　进行测试

做好以上准备后，请按以下步骤进行测试。

（1）将串口扩展卡插入到笔记本电脑中。

（2）将 GPS 数据线连接到串口扩展卡或笔记本电脑串口（COM 口）。

（3）将 GPS 连接到 GPS 数据线。

（4）将 GPS 外接天线与 GPS 连接。

（5）将 GPS 外接天线挂到窗外。

（6）打开 GPS（注意 GPS 显示的电池使用情况）。

（7）将 OT76 测试手机的数据线连到串口扩展卡。

（8）将 OT76 测试手机与 OT76 的数据线相连。

（9）打开 OT76 测试手机。

（10）如果是第一次使用 OT76，请按以下步骤设置手机。在主屏幕下，按方向键“下”，再按“#”号键，然后按方向键“下”直至选择到“Serial Link Setup”，按“OK”键，选择“Trace MODE”，按“OK”键；在主屏幕下，按方向键“下”直至选择到“Accessories”，按“OK”键，按方向键“下”，直至选择到“Data parameters”，按“OK”键，选择“Speed”，将速率设为 9 600bit/s。

（11）打开笔记本电脑，如果装有瑞星杀毒软件，请关闭其实时监控程序。

（12）运行 ANTPilot 程序。

（13）如果需要更新小区数据，请选择系统→小区建库，弹出小区建库窗体后，单击提取，弹出打开文件的窗体后，选择在 ANTPilot 的安装目录的子目录 MAP 中的文件 CELL.DEF，按确定。（如果不需要更新小区数据请跳过本步骤）

（14）单击系统设置，按以下要求设置，然后按确定。

① 接口设置：一般是 COM3、COM4 或 COM5、COM6，具体要与电脑的系统属性→设备管理器→端口的一致。

② 测试设置：MS1 通话。

③ 网络类型：DUAL。

④ MS1 测试：OT76。

⑤ 记录设置：6MB。

⑥ 拨号设置：手动拨号。

⑦ 其他设置：用默认设置。

⑧ 单击拨号簿，按以下要求设置后，按确定。

- MS1：主叫。
- 拨打号码：DT 测试按规定是不能拨打 112、1860、1861。
- 总拨打时长：999。
- 通话时长：（根据省公司对不同地段的测试要求）。
- 间隔时长：（根据省公司对不同地段的测试要求）。
- MS2 不要设置。

（15）单击通话测试，弹出拨号簿窗体后，按确定，弹出保存文件窗体后，输入保存文件名称（一般用默认）后，按确定。测试就自动可以开始了。

（16）需要注意的是，如果单击通话测试，只弹出端口设置错误的信息窗体，应按停止测试。同时检查端口设置是否正确（替换法逐个 COM 口检查确认），并更正。如果由于手机线损坏、手机损坏或串口扩展卡导致以上异常情况，应立即更换相关设备。

（17）在测试中，应注意窗体右下角有关 GPS 和 MS1 的状态，如果出现绿灯和黄灯交替即表示正常；否则，要检查各接口连接是否有松脱。（特别注意，由于 GPS 不连接电脑，是不会影响程序的运行，所以更应该注意 GPS 的状态。）

（18）在测试中，为了保证通话信令记录的完整性，拨号设置应为手动拨号。当弹出无线实时显示的窗体后，等待出现 IDLEMODE 状态后，再按自动拨号。

（19）在测试中，尽量少用或不用菜单测试记录中的功能。主要原因是由于停止记录和开始记录的时机不好控制。

（20）在测试中，为了保证通话信令记录的完整性，每次停止测试应选在测试手机处于 IDLEMODE（可以用人工挂断的方法）；同理，在人工更换文件名（一般是程序自动更换文件名）时，也要让测试手机处于 IDLEMODE（用人工挂断的方法）。

（21）在测试中，如果出现鼠标乱跳现象，请停止测试，并关闭程序，拔出串口扩展卡，重启电脑。

（22）在测试中，如果发现第三层信息中的信令没有向下滚动，请停止测试，并关闭程序，拔出串口扩展卡，重启电脑。

6.4.4 测试中的调整

测试的方法有多种，例如，短拨打测试、长通话测试、扫频测试、待机测试、锁频测试等。按照要求一般都会首先做短拨打测试（105 秒通话 15 秒间隔，号码不要选用 112 和 1861）。以下就是我们在测试中要注意的。

（1）掉话。记录产生掉话的小区名、BCCHNO、BSIC、CGI；记录这时的接收场强及接收质量。从邻区列表的邻区接收场强判断是否有更好的信号而没有切换掉话。或者从附近基站的地理位置判断有没有漏作的相邻关系。

（2）切换失败（连续切换失败）。记录源小区的 BCCHNO、BSIC、CGI；记录目的小区的 BCCHNO、BSIC、CGI；记录切换前的源小区的接收场强、接收质量；记录切换前的目的小区的接收场强；从而初步确定切换的原因。

（3）频繁切换。记录频繁切换的相关小区。注意切换路径，了解是两小区之间的乒乓切换还是几个小区的相互切换。此时要结合切换参数进行分析。

（4）接收场强。当接收场强较小时，要结合该基站的位置、高度、方位角等因素，判断其覆盖的合理性，观察是否存在有更好的信号覆盖源。

（5）接收质量。如果接收质量出现持续低于 3 级的情况，应更换测试方法，找出干扰源及其干扰的频点。

（6）邻区 BSIC 的解码情况。注意测量频点一般不宜多于 16 个，否则会对测量的准确性及效率有负面的影响。

（7）邻区列表中的邻区场强。这主要是用于判断在切换带时相关小区的切换参数是否合理及调整幅度。

（8）参数调整。重点是调整前后的效果比较。解决问题的办法有多种。但要注意以下几点。

① 方位角、下倾角的调整，要首先核对是否与设计相符，如果不符，请先校正，再测试。如果已校正，就要站在天线的后面目测，并判断调整的幅度。另外，由于老式的天线可能已固定，是不能调整的。

② 功率的调整，一般不宜用来解决拥塞问题和切换问题。

③ 频点更换要注意被频的是否对其他小区产生干扰（当然，应急时也只能考虑本小区覆盖情况了）。

④ 切换带的参数调整，要考虑到话务情况，否则小区拥塞的话，切换是不能发生的，调了也白调。

⑤ C1、C2 值的调整要同时考虑 ACTIVEMODE 的情况。

⑥ 有关切换的调整一定要考虑回程的情况。

⑦ 调整一定要做好记录。

（9）调整总结。这个总结主要是调整的原因分析及效果对比，也就是技术总结。当然，由于技术水平的参差，不可能每个技术人员都能一次路测就能把问题解决；由于某些客观原因，不可能所有调整方案都能充分实施。此时，就要准备下一次的路测方案了。另外，也要将调整记录进行归档处理。

6.5 路测和核心质量测试

本节介绍路测和核心质量测试（core quality testing，CQT）。

6.5.1 DT 整体流程图

DT 整体流程图如图 6.1 所示。

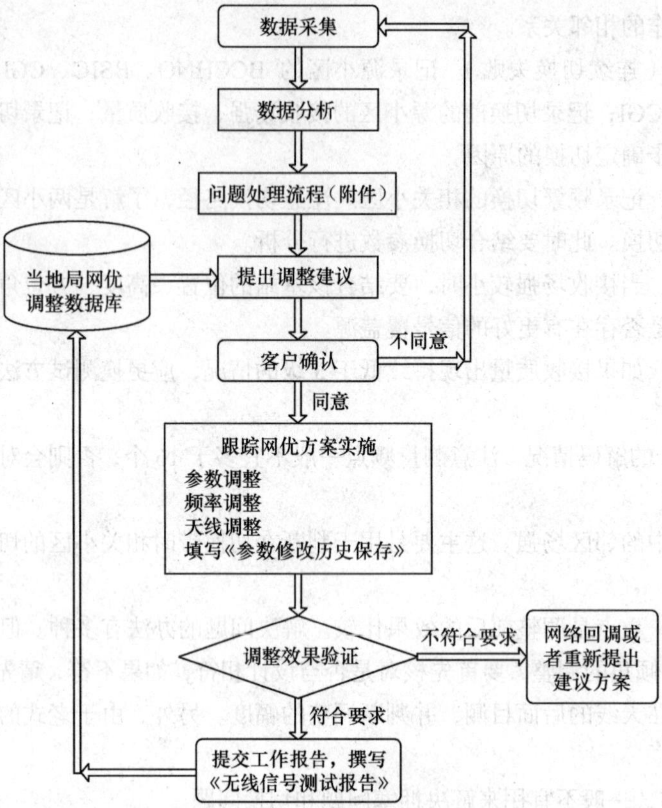

图 6.1　路测整体流程图

6.5.2　CQT 测试流程

系统的无线信号分布情况，如信号的场强和质量也是影响系统性能的重要因素。信号强度决定了小区的覆盖范围，也就决定了该小区的业务量，业务量会直接或间接地反映到随机接入失败率，SDCCH、TCH 拥塞率和接通率等无线指标上；而信号质量直接影响掉话率。因此一个完整的优化需要对系统的无线状态做全面的调查，这主要通过 CQT 和 DT 来进行。

1．CQT 测试区域的选取基于以下几个方面考虑

① 用户投诉较多的区域。

② 话务统计分析中存在较明显问题，如高掉话率的区域。

③ 尽可能选择重要地区，如党、政、军所在地和繁华路段。

④ 切换较多的区域。

2．CQT 测试流程

CQT 测试流程如图 6.2 所示。

3．CQT 的测试要点

在网优中，CQT 的优化工作首先就是要学会如何测试及如何发现问题，这有别于一般的只拨

几个电话取数据就 OK 的低端工作。下面是 CQT 的测试要点。

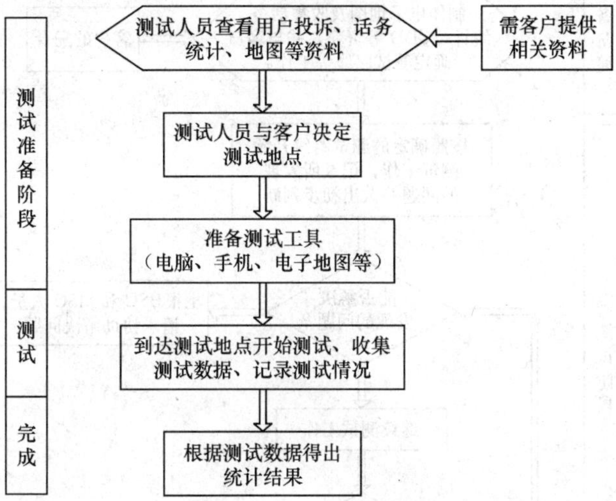

图 6.2　CQT 测试的流程

（1）拨测的号码不要选用 112、1860、1861 等号码，可采用两部手机互拨的方式进行。

（2）拨测时，一定要听一听语音质量，尤其是在接收质量高或频繁切换的时候。另外，由于传输问题会出现单通情况，这就一定要上报情况。

（3）在电梯中（电梯内有直放站）进行 CQT 测试时，要注意：在 IDLEMODE，电梯口的信号是否与直放站的信号一致。如果不一致，是否可通过调整 C1、C2 值，使电梯口的信号与直放站的信号保持一致；在 ACTIVEMODE，电梯口的信号是否与直放站的信号一致，如果不一致，是否可通过调整切换参数、功率参数，使电梯口的信号与直放站的信号保持一致，即提早切换。

（4）同理，在高层（有室内覆盖）进行 CQT 测试时，要注意：在靠窗边时，注意 IDLEMODE 的信号是否是较远的小区。如果是，可以调整 C1、C2 值或调整远端的小区天线方位角、下倾角，使 IDLEMODE 不用较远的小区；在 ACTIVEMODE，也要检查在窗边使用的小区与室内覆盖小区的切换情况，如有必要，也要调整切换参数、功率参数，来尽量保证信号一致。

6.5.3　DT 测试流程

DT 是在 GSM 无线网络覆盖区域内进行乘车拨打测试，收集无线接口信号，进行统计分析，作出相应的调整。由于这种测试是模拟用户打电话的情况，收集到的信号真实地反映了实际无线网络的情况，在此基础上再进行无线网络的调整，所收到的效果是最佳的。通过无线网络通信质量测试的结果，使现有的无线网络资源得到优化，硬件问题得以发现和解决，合理调整小区设计数据，从而使移动用户的利益得到保障，达到移动用户和运营商双赢的目的。

1．DT 测试流程

DT 测试流程如图 6.3 所示。

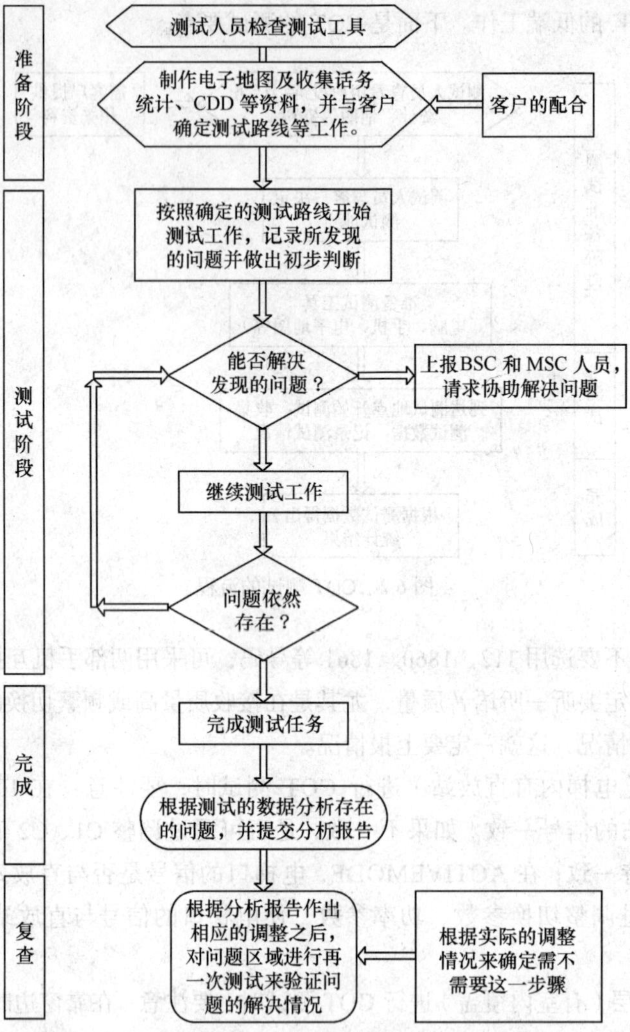

图 6.3　DT 测试流程

2. 在 DT 测试过程中需要重点记录和分析的问题

① 所测数据与理论设计数据不符合
② 掉话
③ 非信号强度引起的通话质量差
④ 拥塞
⑤ 不正常切换
⑥ 信号电平低
⑦ TA 过大
⑧ 信号盲区

3. 弱信号覆盖的处理流程

处理流程如图 6.4 所示。

一般认为接收场强低于−94dBm 的区域就是弱信号覆盖。但实际上，要结合环境来分析是否为弱信号。市区中基站分布密集，在道路上接收场强低于-85dBm 时，就可认为是弱信号覆盖；郊区的基站分布稀疏，在道路上接收场强低于-94dBm 时，就可认为是弱信号覆盖。

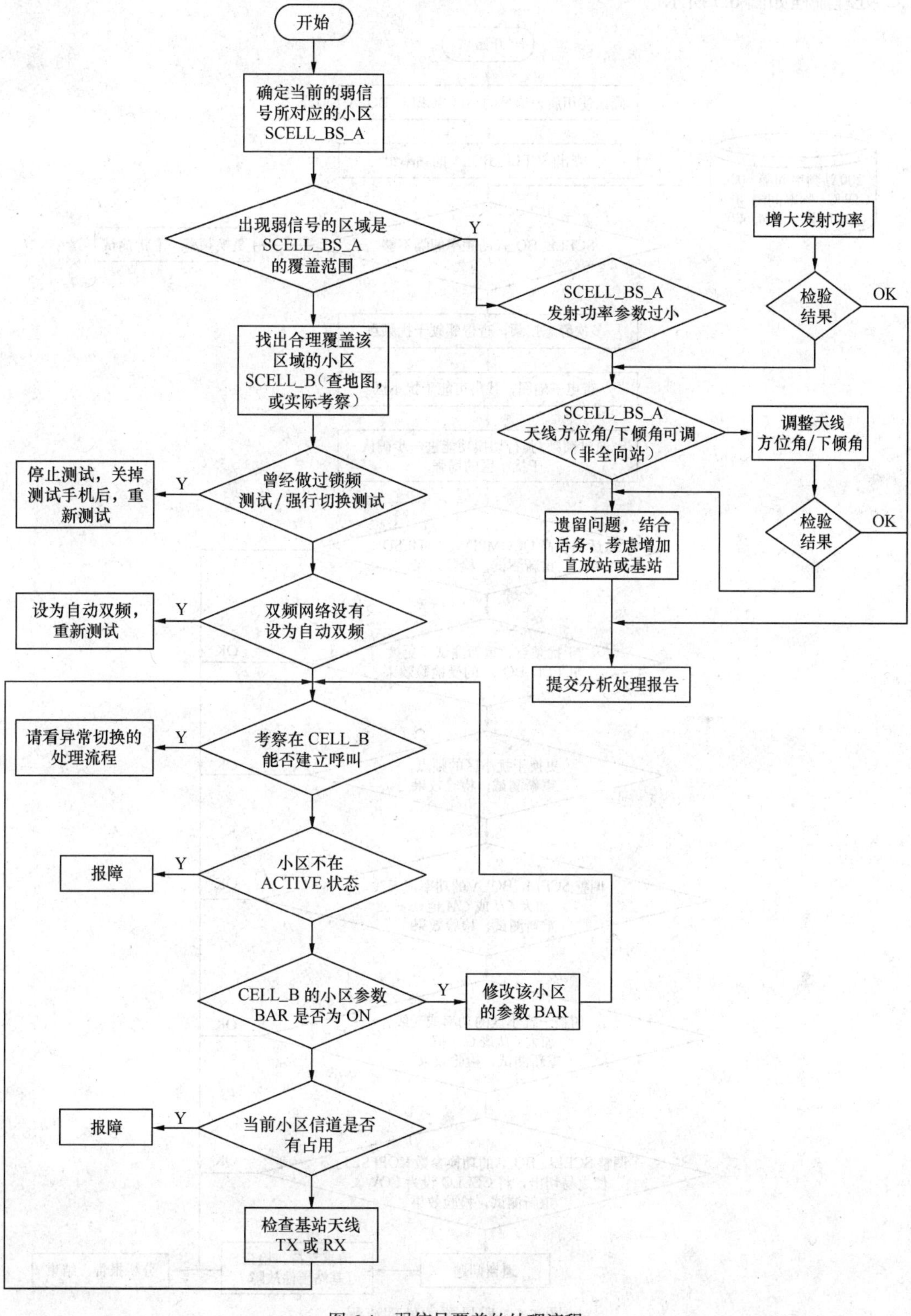

图 6.4 弱信号覆盖的处理流程

4．质量差的处理流程

处理流程如图 6.5 所示。

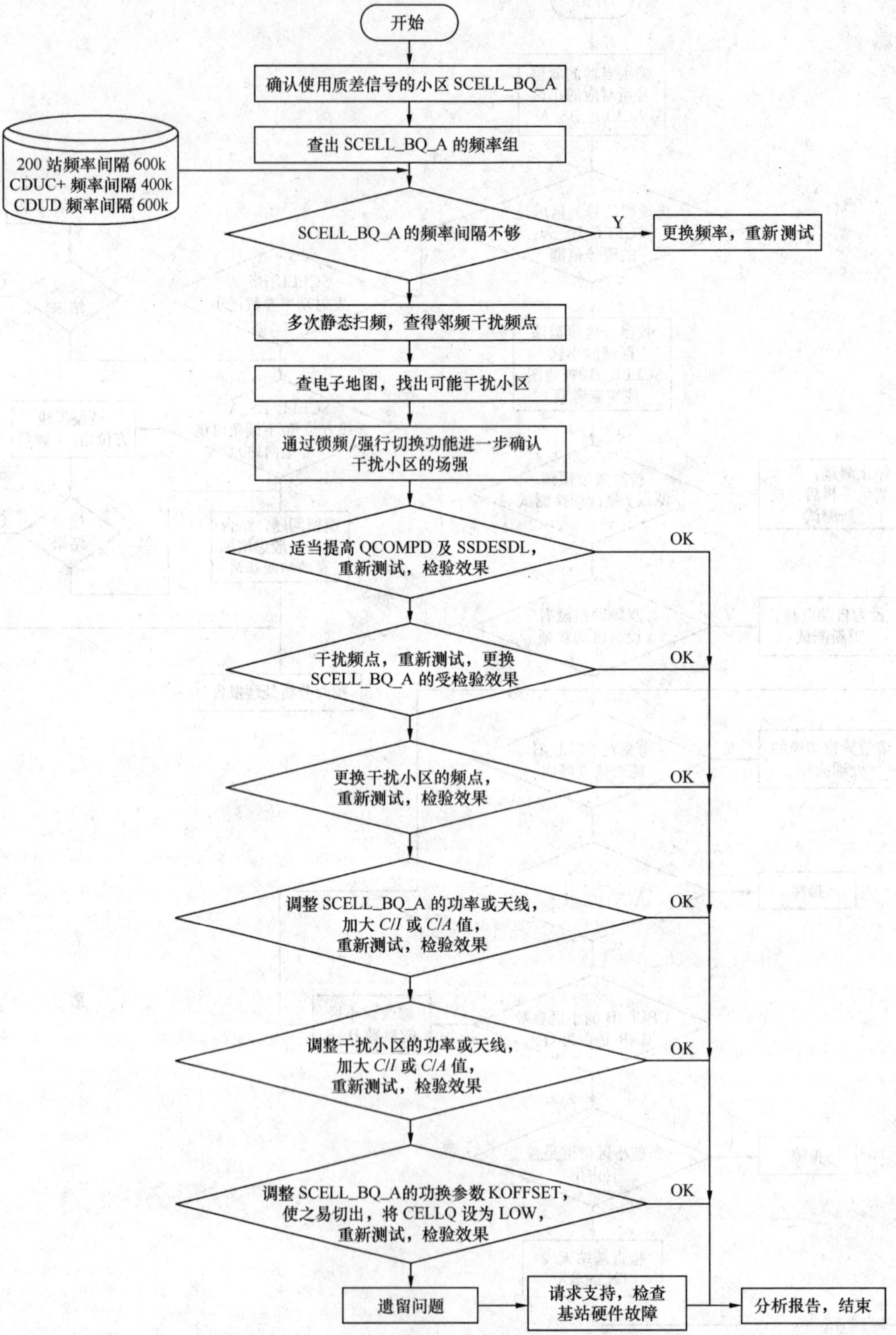

图 6.5　质量差的处理流程

质量差，在测试中是指下行的接收质量长期在 3 ~ 7 级。一般来说，在判定质量差现象前，首先要排除是由弱信号引起的。

5．异常切换的处理流程

处理流程如图 6.6 所示。

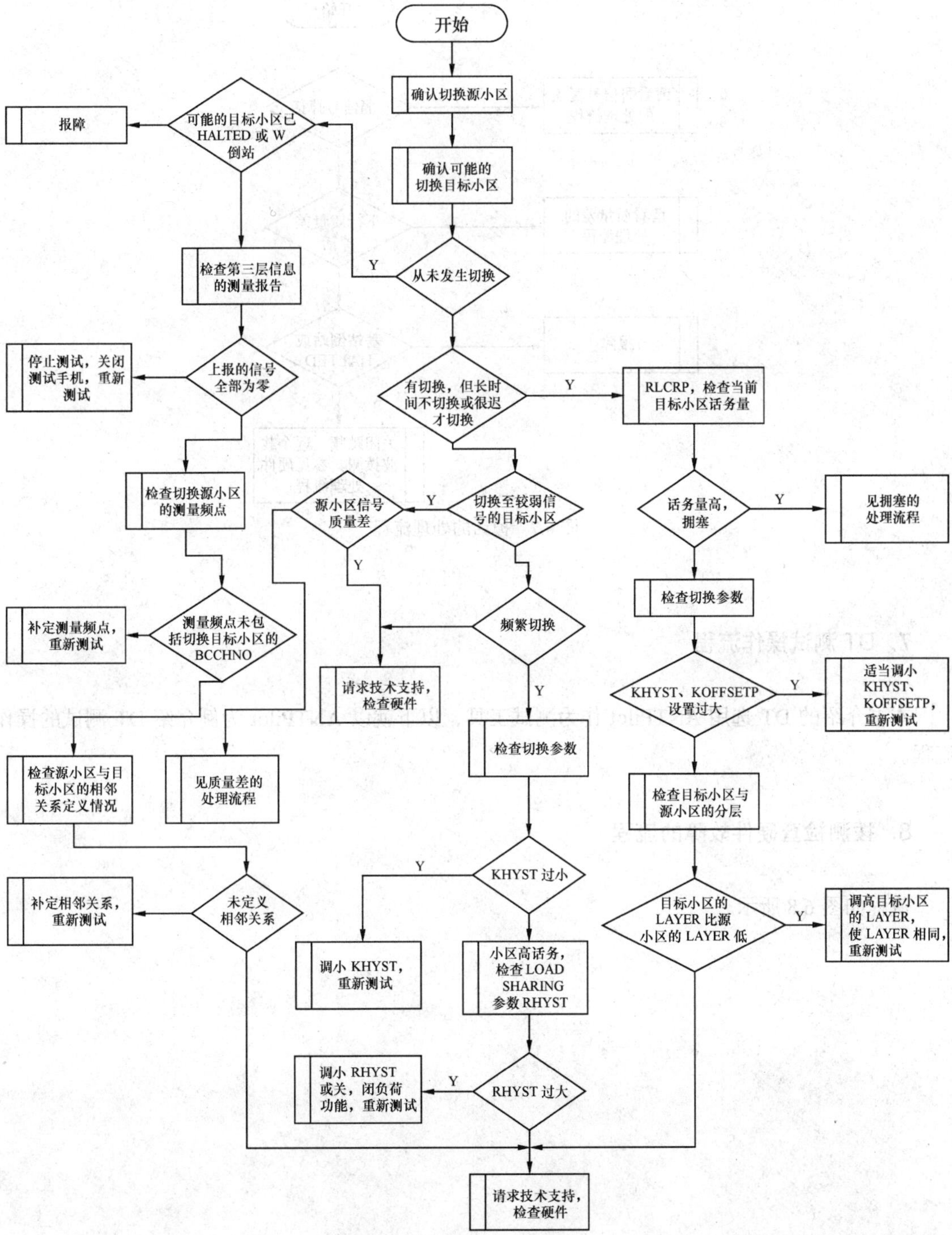

图 6.6　异常切换的处理流程

6．掉话的处理流程

处理流程如图 6.7 所示。

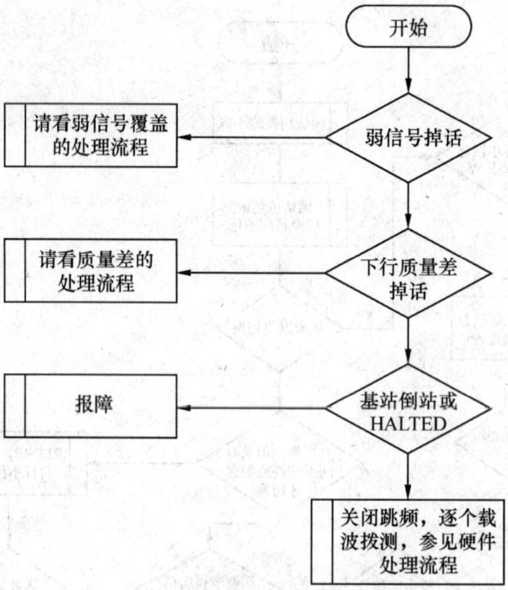

图 6.7　掉话的处理流程

7．DT 测试操作流程

本书介绍的 DT 选用 ANTPilot 作为测试工具，以下就以 ANTPilot 为例介绍 DT 测试的操作流程。

8．拨测检查硬件故障的流程

流程如图 6.8 所示。

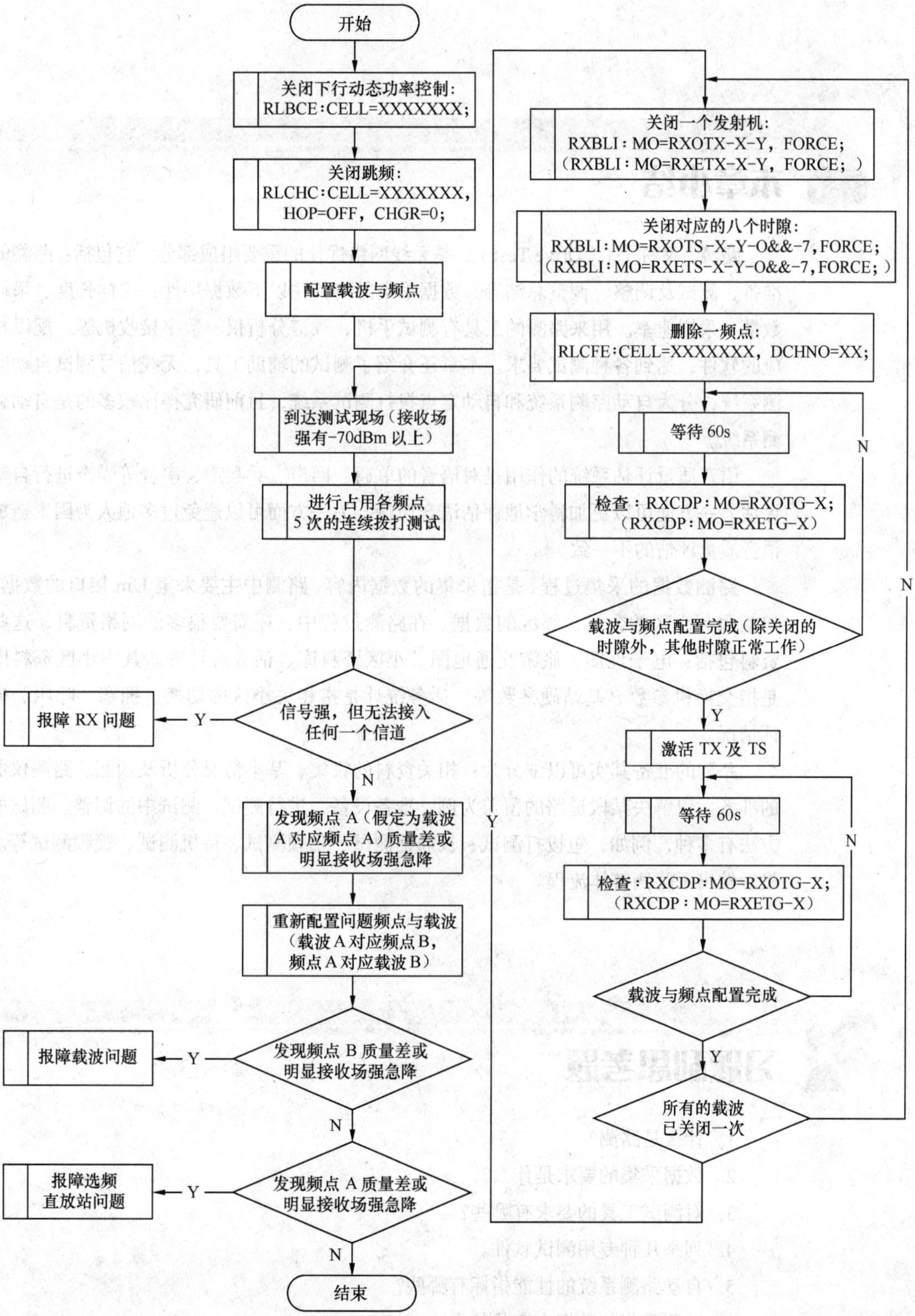

图 6.8　拨测检查硬件故障的流程

本章小结

路测，又称 DT（Drive Test），是无线网络优化的重要组成部分。它包括：路测的准备、测试及调整、调整总结等。数据采集需要关注以下数据特性：采样长度、采样数量、采样速率。用来路测的工具有测试手机、频谱分析仪、数字接收机等，配以相应的软件，达到各种测试要求。本章还介绍了测试的辅助工具，无线信号测试自动监测系统，分为自动路测系统和自动定点拨打测试系统，目前研究得比较多的是自动路测系统。

语音质量评估系统的作用是对语音的单通、回声、乒乓声、串音等噪声进行自动评估。一方面可以更加科学地评估语音质量，另一方面可以避免过多地人为因素造成语音质量评估的不一致。

路测数据的采集过程，是指采集的数据内容，路测中主要采集 Um 接口的数据，包括服务小区的数据，邻区的数据。在路测过程中，还需要很多的网络资料，这些资料包括：电子地图、旅游交通地图、小区资料库、话务统计等。其中小区资料库是指交换机参数、基站硬参数等。话务统计是指相关小区的切换、拥塞、呼叫、掉话情况。

路测的准备其实可以细分为：相关资料的收集、基本情况分析及预测、路测仪器的准备。以解决某段道路的覆盖为例，准备设备，进行测试，测试中的调整。测试的方法有多种，例如，短拔打测试、长通话测试、扫频测试、待机测试、锁频测试等。最后给出了路测整体流程。

习题和思考题

1. 什么是路测？
2. 数据采集的要求是什么？
3. 对测试工具的要求有哪些？
4. 列举几种专用测试软件。
5. 自动路测系统的性能指标有哪些？
6. 路测采集的数据内容是什么？
7. 路测采集的辅助资料指什么？
8. 什么是路测的准备？

9. 测试中的调整应注意什么问题？
10. CQT 测试的流程是什么？
11. CQT 测试要点有哪些？
12. DT 测试的流程是什么？
13. 在 DT 测试的过程中需要重点记录和分析的问题是哪些？
14. 简述掉话的处理流程。

第7章 TD-SCDMA的网络优化

TD-SCDMA是国际电联公布的第三代移动通信技术中的三大标准之一，我国从2006年开始推进TD-SCDMA试验网络建设。本章就是TD-SCDMA网络优化的一些研究和经验总结并对典型的案例进行了分析。

网络优化在TD-SCDMA商业化进程中扮演着十分重要的角色，其既不同于固定通信系统，也不同于其他2G和3G系统，需要投入大量的人力和时间。TD-SCDMA在传播条件、用户移动性、业务等方面的变化会对网络中各个小区产生不同的影响，因此TD-SCDMA运营商为了确保各参数的最佳值，充分发挥网络的最大能力，需要对网络进行定期的、循环式的、渐进的动态优化。

7.1 TD-SCDMA网络优化实施的步骤

7.1.1 网络优化目标

TD-SCDMA的网络优化目标主要包括覆盖率、导频区域优化、接通率、掉话率、寻呼成功率、切换成功率等。现就网络初建阶段，用户数不是很多的情况，给出一组优化目标参考值。当网络建设已经完成，用户数逐渐增多之后的优化目标还需要根据客观环境进行适当的调整。

① 覆盖率：不小于95%的区域内PCCPCH RSCP大于−95dBm；不小于75%的区域内PCCPCH Ec/Io大于−3dB；

② 导频区域优化：不大于7%的区域存在3个以上导频，且这些导频的强度大于−85dB，互相之间的差值小于6dB；不存在无主导频现象；

③ 接通率大于90%；

④ 掉话率小于10%；

⑤ 寻呼成功率大于 80%；

⑥ 切换成功率大于 85%。

7.1.2　组织团队

网络优化的团队构成如图 7.1 所示。

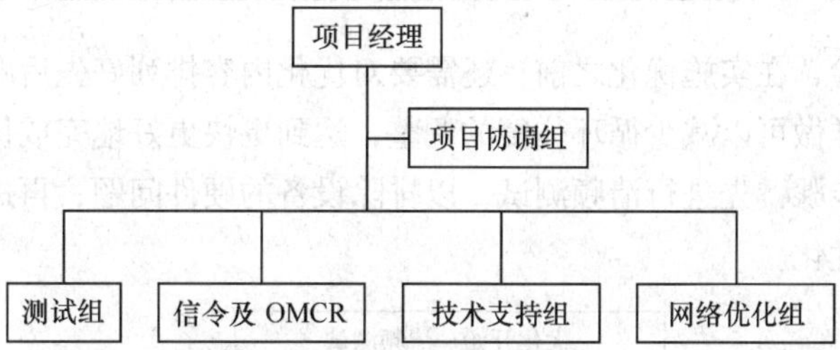

图 7.1　网络优化的团队组织

其中测试组主要负责网络评估测试以及初步定位问题；信令及无线网管（OMCR）组主要负责抓取网络侧的信令、监视硬件告警以及配合网优组进行参数调整；技术支持组由各网络部门的技术专家组成，负责发现和解决问题；网络优化组主要根据测试组反馈的问题进行优化调整。

7.1.3　制定优化流程

图 7.2 是优化流程框图。

良好的优化流程可以协调各项目小组之间的分工和合作关系，提高优化工作的效率。网络优化不是一个短期的任务，而是日常网络维护工作的一部分，优化流程、提高工作效率就是一个首要的目标。

网络优化前先要了解网络的实际情况，需对优化区域进行网络评估测试，由测试组主要负责，测试组将测试结果反馈给技术支持组，技术支持组分析测试结果，定位需优化的问题并制定优化方案，而后反馈给网络优化组，并由网络优化组到现场实施。之后测试组再对问题区域进行网络评估测试，进入第二轮的优化。直到优化后的效果达到指标要求，则本次优化结束并进行总结。

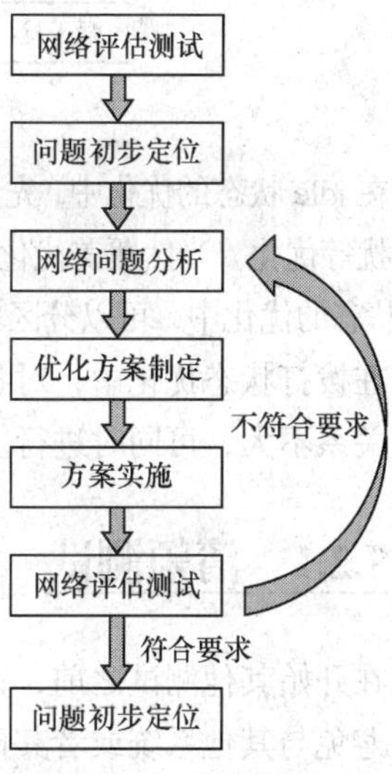

图 7.2　优化流程

在优化流程中，网络评估测试是整个优化的基础。测试项目的选择要求尽可能全面反映整个优化区域的无线性能指标，一般情况下对优化区域进行以下 5 组测试即可基本了解本区域的无线性能。

① 空闲状态（IDLE）测试：本项测试用来采集 PCCPCH 的覆盖性能。

② 短呼测试：采用呼叫间隔 15s，呼叫保持 60s；本项测试用来测试网络的接入性能和掉话性能（CS 业务和 PS 业务）。

③ 长呼测试：长时间保持呼叫状态，测试终端尽量遍历优化区域；本项测试用来测试网络切换性能。

④ PS 业务 PDP 激活测试：激活间隔 10s，激活保持 20s；本项测试用来测试网络 PDP 激活成功率性能。

⑤ 寻呼测试（MMC）：用固定电话呼叫测试终端，被叫测试终端处于空闲模式；本项测试用来测试网络的寻呼性能指标。

7.2 TD-SCDMA 网络优化的实施

根据优化工作经验，在实施优化之前，还需要对优化内容排列好先后顺序，把影响面广的内容先期进行优化。这样做可以减少循环往复的调整，达到更快更好地完成优化的目标。图 7.3 所示是网络优化的一般步骤：先进行清频测试，以排除设备的硬件问题；再进行 Idle 状态的优化；最后进行拨打状态的优化。

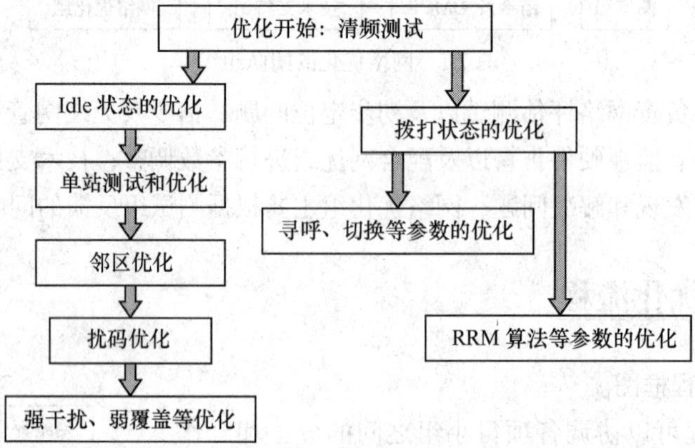

图 7.3　优化的顺序

在 idle 状态的优化中，先进行单站测试和优化，再做邻区优化和扰码优化，最后可以进行弱覆盖、强干扰等优化。当然覆盖优化后，也有可能再进行扰码的优化，这要视调整后的网络情况来决定。在 idle 状态的优化中，可以分区域来进行，当一块区域优化好之后，可以进行拨打状态的优化。

在拨打状态优化中，对各个信道配置优化，切换、寻呼等参数优化和 RRM 算法优化等先后顺序关系不大，可同时进行。

7.2.1　清频测试

在开始其他测试之前，首先需要确认网络的整体干扰情况，了解周围无线基站使用的频谱情况，避免与其他系统或者其他运营商发生干扰。否则在后期的问题定位上会浪费时间和人力，甚至需要进行大的调整。

7.2.2　Idle 状态的优化

清频测试后，首先让手机在 Idle 状态进行覆盖测试，然后再做拨打测试，可以提高优化的效率。在 Idle 状态下，测试手机只进行小区选择和重选、位置更新等，状态比较稳定。测试的参数主要是 P-CCPCH RSCP 和 P-CCPCH C/I。

7.2.3　单站测试与优化

由于每个基站周围的地物环境（如建筑物平均高度、建筑物的密集程度）都是十分复杂的，这就需要对每个基站的方位角和下倾角进行合理的设置。在网络规划阶段设置的方位角和下倾角还需要在实际的优化中进行调整，争取达到每个基站的均匀覆盖。

先对单个基站进行优化，很容易发现基站和扇区过覆盖或弱覆盖的情况。过覆盖的情况在全网优化时，常会造成邻区漏配，对服务区形成干扰。如果在单站阶段不能发现，到全网优化时是很难发现并解决的。

7.2.4　邻区优化

邻区优化主要是排查是否有邻区漏配的情况发生。

如发生邻区漏配的情况，主要会对网络产生两方面的影响：一是在小区重选时终端不会重选到本来信号较好的邻区，而是一直驻留在信号差的小区，导致呼通率等指标降低；二是影响扰码的优化，如 A、B 两个小区是邻区，但没有配成邻区，那么就有可能把这两个小区的扰码配成一样，造成解调的困难。

7.2.5　扰码优化

扰码配置的原则为：相邻小区不能使用相同的下行导频码和扰码。

在切换过程中，核心网和终端是以频点和码字来区分小区。如果有相同的码字出现，核心网和终端无法区分要切换的小区，会导致切换失败。

邻区优化完成后，再对扰码进行优化。如果邻区关系改变了，需要再次对扰码进行排查，避免相邻小区间有同频同码字出现。

7.2.6　强干扰区域

对于发现的强干扰区域，可以采取下调下倾角或减小基站发射功率等手段来降低干扰基站的信号电平。

7.2.7　弱覆盖区域

对弱覆盖区域可以采取上调下倾角、增大发射功率、改变方位角、使天线主瓣避免正对高大建筑物等手段来达到增强覆盖的目的。但在改变方位角时，还需要注意网络对称与天线交叠。

网络对称：目前网络采用三叶草站型（三个扇区的方位角分别是 0°、120°、240°），为尽可能保证理想的蜂窝形状，应尽量保持三个扇区的相对位置，否则会带来相邻扇区（包括本基站和相邻基站）的交叠，使有些区域的干扰增大而有些区域则覆盖减弱。

天线交叠：三扇区没有交叠时（三个扇区间距 120°，即 0°、120°、240°），交界区的信号衰减 10dB，如果发生的交叠达到 20°（三个扇区的方位角分别是 0°、120°、220°），则交叠区的信号衰减只有 6dB，交叠区会出现较强的同频干扰。因此天线交叠一般应控制在 10° 左右。

7.3 TD-SCDMA 网络优化的案例分析

7.3.1 弱覆盖

由图 7.4 所示的路测结果可看到，某基站覆盖半径只有 250m，与周围基站无法形成连续覆盖，造成覆盖区域内有大片的空洞（图 7.4 中深色区域）。根据系统链路预算，室外覆盖半径应该在 600～800m 左右，与实际情况有较大差异。

从路测数据分析，覆盖区域内信号强度衰落过快。在距离天线 200m 处 P-CCPCH 信号电平为 −75dBm，到 300m 处 P-CCPCH 信号电平快速衰落到−100dBm，可能与天线下倾角设置有关。

天线下倾角规划为 5°，经实地检查发现由于天线挂扣松脱的制作工艺问题，使天线实际下倾角达到 8°，造成覆盖半径过小。更换部件后，覆盖半径达到 600m，与系统仿真结果基本吻合。

图 7.4　弱覆盖优化前

7.3.2 邻区漏配

由图 7.6 所示的路测结果可以发现，其中在区域内可以连续覆盖（参见图 7.5）。

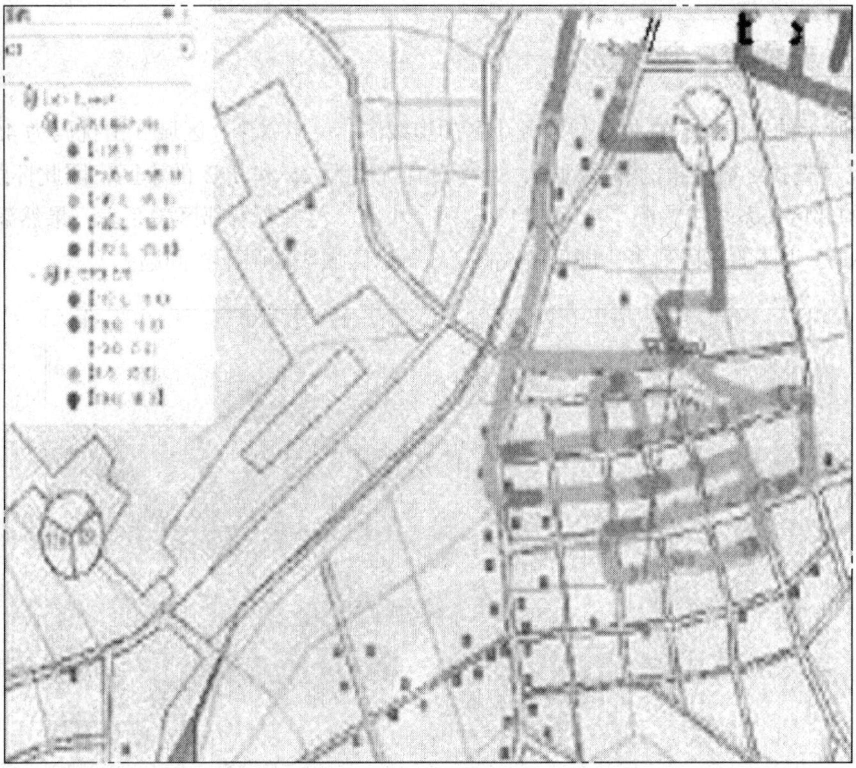

图 7.5　弱覆盖优化后

图 7.6 所示是邻区优化前的小区示意图。

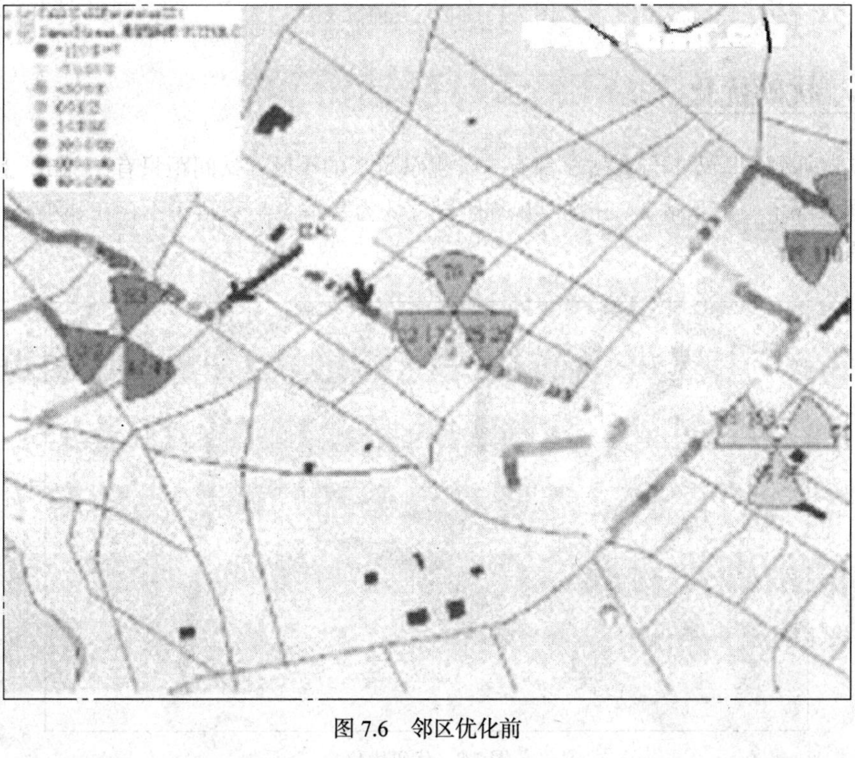

图 7.6　邻区优化前

7.3.3 弱覆盖、强干扰

图 7.7 所示的拉线图（路测点与服务小区的连线图）可以看到，区域 3 由扰码为 45 的小区越区覆盖。经过查找终端上报的邻区列表，始终没有扰码为 25 和 112 的小区，因此怀疑是扰码为 45 的小区的邻区关系表中漏配了 25 和 112 这两个小区。再去查看邻区关系表，果然漏配，将 25 和 112 加入 45 小区的邻区列表，即可解决图 7.6 所示区域 3 的强干扰问题。

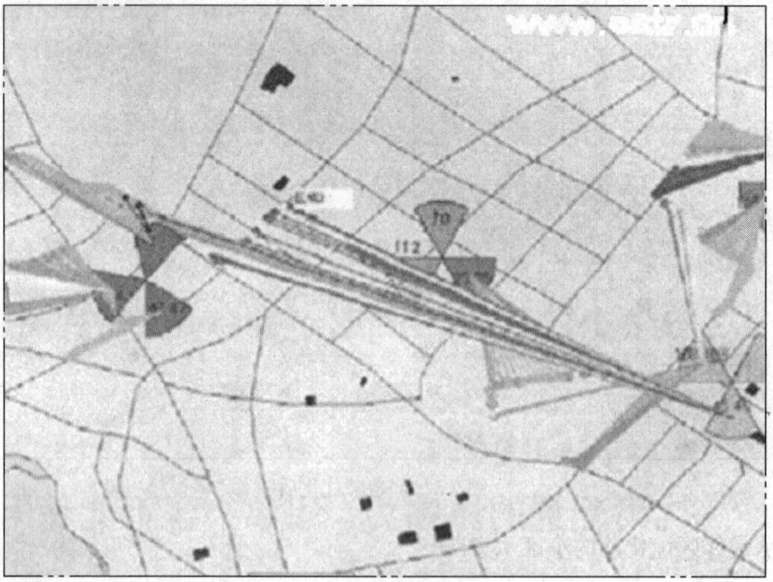

图 7.7　邻区优化前拉线图

7.3.4 扰码优化

如图 7.8 所示，基站 1 与基站 3 都有一个扰码为 2 的小区，站间距只有 1.2km，且基站 1 与基站 3 之间只隔了一个基站 2。在扰码规划阶段，认为基站 1 与基站 3 不存在邻小区，所以使用了相同的码字。

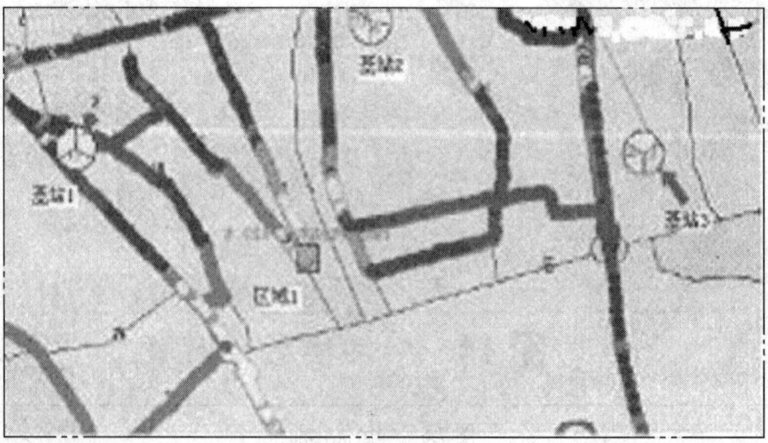

图 7.8　优码优化

但是，在实际的路测中却发现，由于基站 2 的 3 扇有高大建筑物遮挡，到达区域 1 的信号强度很弱，反而是基站 1 与基站 3 的信号比较强。这样就造成了在区域 1 存在同码字的干扰，系统在此处解调失败。

优化方案：重新进行扰码规划，站间距在 2 千米以内的基站都避免使用相同的码字，而不管是否是相邻的基站。优化后没有再次出现扰码干扰的情况。

7.3.5　天线朝向的优化

在正常的无线环境下，天线的主瓣方向要避免正对高大建筑物，尤其是玻璃幕墙外立面。玻璃幕墙会对无线电波产生很强的反射效应，造成背向覆盖、越区覆盖等。如图 7.9 所示，天线的主瓣要避免打向对面的建筑物，尽量避开。

图 7.9　天线主瓣要避开高大建筑物

1．天线背向覆盖优化一

由图 7.10 中可以看到，扰码为 18 的 3 扇主瓣的覆盖距离只有 343m，而背瓣却有 289m。在距离天线 289m 的背瓣方向，信号场强依然大于−75dBm，这严重干扰了 1 扇的主瓣方向。

优化方案：减小 3 扇天线的发射功率，并减小下倾角。优化后路测图如图 7.11 所示，减小了背瓣的覆盖距离为 133m，同时加大了主瓣的覆盖距离为 387m，结果比较理想。

2．天线背向覆盖优化二

在正常的无线环境下，天线的主瓣方向要避免正对高大建筑物。但在特殊环境下，也可以利用建筑物的反射弥补背向覆盖的不足。如图 7.12、图 7.13 所示，3 扇的北面有高大建筑物遮挡，对街道 1 的覆盖很差。使用其他优化方法都无法解决问题，短时间内又不具备加站的条件。只好利用2扇的背向覆盖帮助解决3扇的覆盖问题。让2扇打向主瓣内的高大建筑物上，使其反射的信号覆盖3扇无法覆盖的区域。

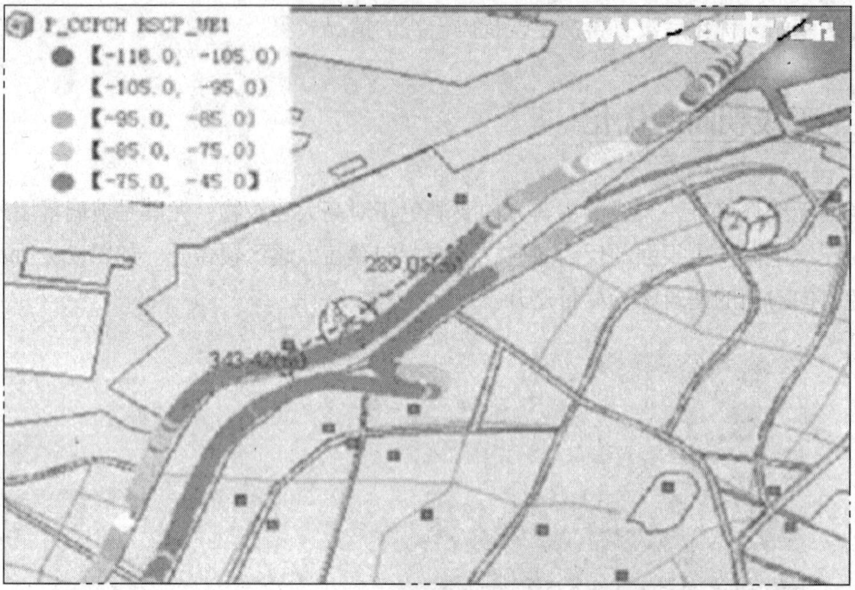

图 7.10　天线背向优化前

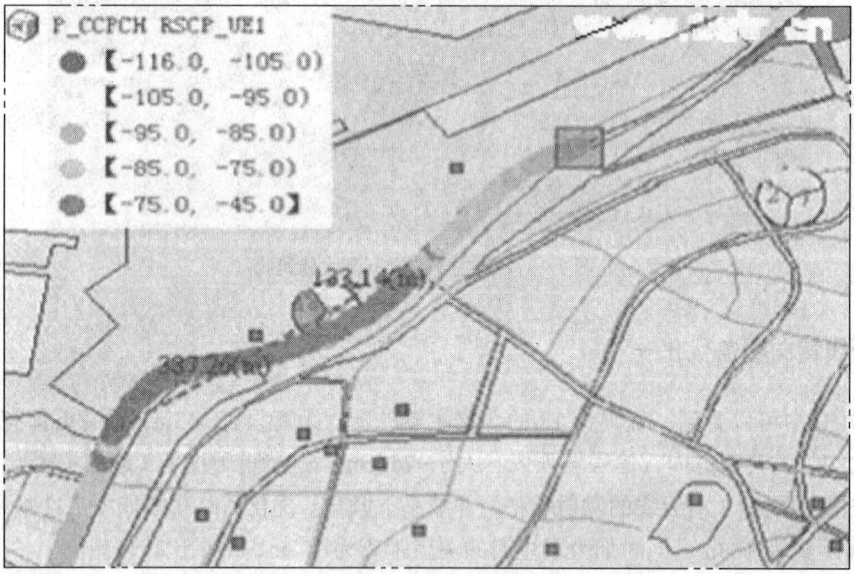

图 7.11　天线背向优化后

优化过程中，不要拘泥于是否是背向覆盖，有时背向覆盖也是可以利用的。但是这种方法只是临时的权宜之计，当条件具备之后还是要通过加站来解决。

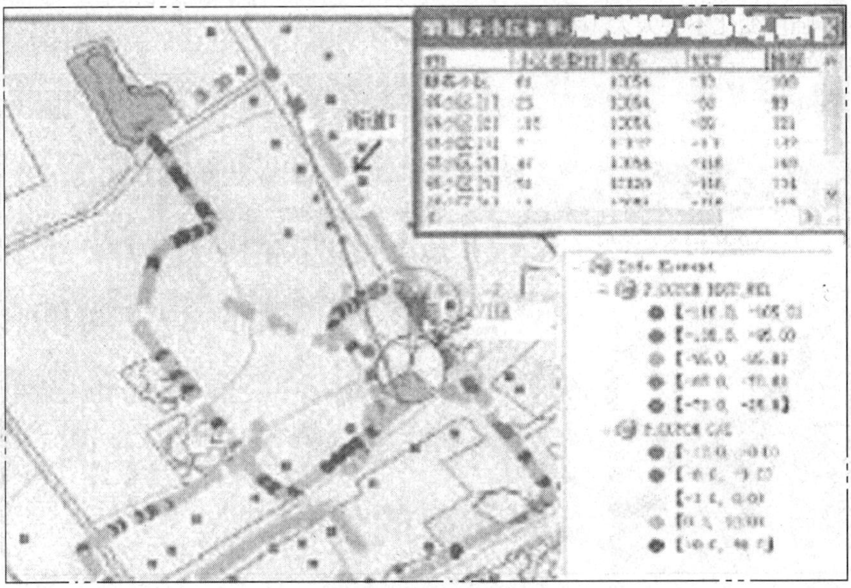

图 7.12　天线背向覆盖优化二

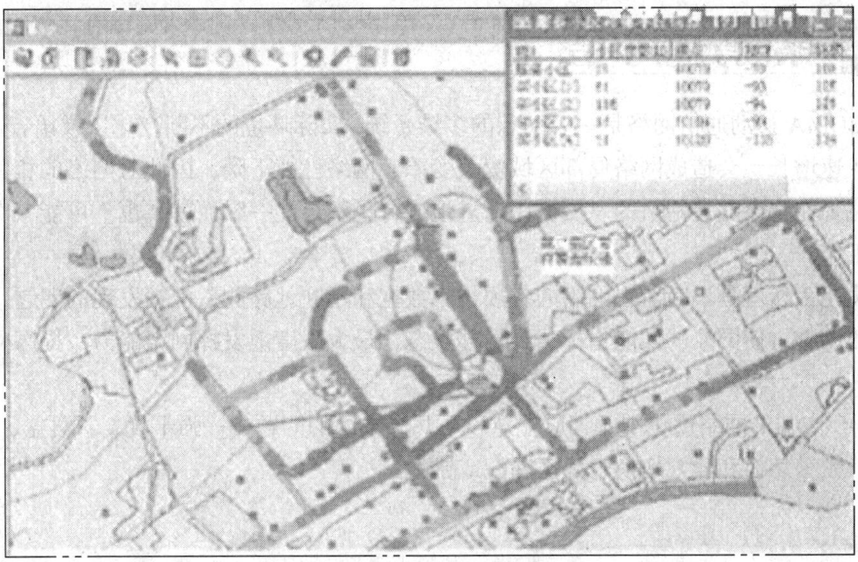

图 7.13　第二扇区背向覆盖很强

7.3.6　切换区的优化

切换区位于基站覆盖的边缘，信号不会很强。如果同时切换区又位于街道的拐弯处或十字路口，切换区就会成为掉话的高发区。

在路口的两边，信号通常会差 20dB 左右，如果同时又进行切换，会造成本小区与目标小区都低于切换门限，造成切换失败。

因此在优化过程中，要尽量使切换区避开街道的拐弯处或十字路口。可通过减小发射功率、更改天线方位角或下倾角来前后移动切换区，使切换区位于直路上，这样在切换前后本小区与目标小区的信号强度变化不会太大（参见图 7.14）。

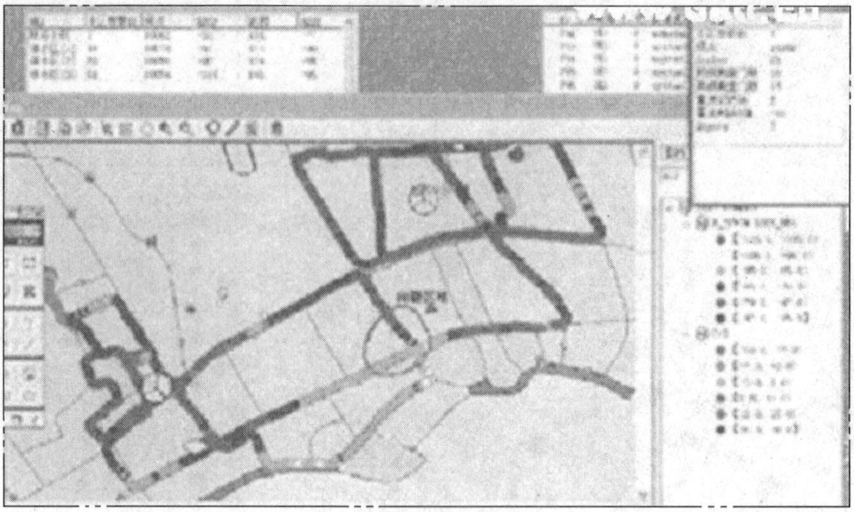

图 7.14　切换区的优化

7.4 案例分析小结

TD-SCDMA 移动通信网络是一个动态的多维系统，实际环境的不断变化以及语音、数据业务和用户的快速增长，会造成网络局部区域覆盖变差、网络性能下降，因此对网络的相关监测工作及网络优化工作都会随着网络的发展循序渐进地进行，不可能一蹴而就，也不可能一次就完成所有的优化工作。

网络优化工作就是不断监视网络的各项技术数据和不断地路测，根据发现的问题，通过对设备、参数的调整，使网络的性能指标达到最佳状态，最大限度地发挥网络能力，提高网络的平均服务质量。

在 TD-SCDMA 网络优化中尤其应注意以下几个方面的问题——强干扰、弱覆盖、越区覆盖、导频污染、频繁切换和异常切换、邻区漏配或错配。

本章小结

本章对 TD-SCDMA 网络优化的一些研究成果和经验进行总结，并对典型的案例进行了分析。

TD-SCDMA 在传播条件、用户移动性、业务等方面的变化会对网络中各个小区产生不同的影响，因此 TD-SCDMA 运营商为了确保各参数的最佳值，充分发挥网络的最大能力，需要对网络进行定期的、循环式的、渐进的动态优化。TD-SCDMA 网络优化实施的步骤如下。确定网络优化目标，TD-SCDMA 的网络优化目标主要有覆盖率、导频区域优化、接通率、掉话率、寻呼成功率、切换成功率等。现在网络初建阶段，用户数不是很多的情况，给出一组优化目标参考值。当网络建设已经完成，用户数逐渐增多之后的优化目标还需要根据客观环境进行适当的调整。组织团队，制定优化流程，良好的优化流程可以协调各项目小组之间的分工和合作关系，提高优化工作的效率。网络优化不是一个短期的任务，而是日常网络维护工作的一部分，优化流程、提高工作效率就是一个首要的目标。

网络优化的实施，就是根据优化工作经验，在实施优化之前，需要对优化内容排列好先后顺序，把影响面广的内容先期进行优化。这样做可以减少循环往复的调整，达到更快更好地完成优化的目标。一般步骤包括：先进行清频测试，以排除设备的硬件问题；再进行 Idle 状态的优化；最后进行拨打状态的优化。还有单站测试与优化，邻区优化，扰码优化，强干扰区域，弱覆盖区域。

最后是 TD-SCDMA 网络优化的案例分析，包括弱覆盖、邻区漏配、强干扰、扰码优化、天线朝向的优化、切换区的优化。

习题和思考题

1. TD-SCDMA 的网络优化目标主要有什么？
2. 一般情况下对优化区域是怎样了解本区域的无线性能的？
3. 简述网络优化的一般步骤。
4. 实际中的弱覆盖指什么？
5. 实际中的扰码优化指什么？
6. 说明一个实际应用的优化方案。
7. 什么是切换区的优化？

参考文献

[1] 李小文. TD-SCDMA 第三代移动通信系统信令及实现. 北京：北京邮电大学出版社，2003.

[2] 彭林. 第三代移动通信技术. 北京：电子工业出版社，2003.

[3] 章坚武. 移动通信. 西安：西安电子科技大学出版社，2005.

[4] 吴伟陵. 移动通信中的关键技术. 北京：北京邮电大学出版社，2000.

[5] 李世鹤. TD-SCDMA 第三代移动通信系统标准. 北京：北京邮电大学出版社，2003.

[6] 3GPP Technical Specification.UTRAN Iuant interface: General asp-ects and principles. 3GPP TS 25.460.

[7] Antenna Interface Standards Group, Standard No. AISG v2.0. Control interface for antenna line devices. http://www.aisg.org.uk.

[8] SYMENA Software & Consulting GmbH. The Value of Automated Optimization.

[9] Alexander Martin. Mathematical Methods for Automatic Optimization of UMTS Radio Networks. 2003.

[10] 蔡湖滨. GSM 网络优化中内部干扰的处理[J]. 当代通信，2006(12) .

[11] 薛洋，冯涛. GSM 网络优化四要素[J]. 电信工程技术与标准化，2005(3).

[12] 黄伦周. 随州 GSM 网络优化方案浅析[J]. 电信快报，2004(3).

[13] 王丽英. 无线网络优化概述[J]. 当代通信，2004(21).

[14] 李燕梅. GSM 移动网络综述[J]. 大理学院学报，2005(S1).

[15] 宋拯. GSM 网络掉话率分析与优化思路[J]. 当代通信，2006(8).

[16] 李佳霖. 基于 GIS 的 GSM 网络优化支撑系统的设计[D]. 北京交通大学学报，2007.

[17] 赵宇. GSM 系统网络优化的研究[D]. 哈尔滨工程大学学报，2007.

[18] 史彬哲. GSM 无线网络优化技术浅析——甘肃联通网络优化实例分析[J]. 甘肃科技，2005(3).

[19] 郭兴旺，王炜磊. 无线网络优化系统中路测数据回放模块的开发. 中国数据通信，2007.